# Projeto Genoma Humano

## Um Conhecimento Perigoso

**CIÊNCIA E CULTURA**
Direção:
*César de Queiroz Benjamin*
*Ildeu de Castro Moreira*

ENTRE O CRISTAL E A FUMAÇA
Ensaio sobre a organização do ser vivo
Henri Atlan

TEORIAS DE TUDO *
A busca da explicação final
John D. Barrow

HISTÓRIA NATURAL DO HOMEM
Vol.1: O homem imprevisto
André Bourguignon

A ESCURIDÃO DA NOITE *
Um enigma do universo
Edward Harrison

AS ORIGENS DE NOSSO UNIVERSO
Malcolm S. Longair

A UNIFICAÇÃO DAS FORÇAS FUNDAMENTAIS
O grande desafio da física contemporânea
Abdus Salam et al.

SERÁ QUE DEUS JOGA DADOS?
A nova matemática do caos
Ian Stewart

DE ARQUIMEDES A EINSTEIN
A face oculta da invenção científica
Pierre Thuillier

O TEMPO NA HISTÓRIA
Concepções do tempo
da pré-história aos nossos dias
G.J. Whitrow

** a sair*

Tom Wilkie

# Projeto Genoma Humano

## Um Conhecimento Perigoso

Tradução:
*Maria Luiza X. de A. Borges*

Revisão Técnica:
*Darci Fontoura de Almeida*

**Jorge Zahar Editor**
Rio de Janeiro

Título original:
*Perilous Knowledge:*
*The Human Genome Project and Its Implications*

Tradução autorizada da primeira edição inglesa
publicada em 1993 por Faber and Faber Limited.


Jorge Zahar Editor Ltda.
rua México 31 sobreloja
20031-144 Rio de Janeiro, RJ
Tel.: (021) 240-0226 / Fax: (021) 262-5123



Editoração eletrônica: TopTextos Edições Gráficas Ltda.

Impressão: Tavares e Tristão Ltda.

ISBN: 2-571-16423-4 (ed. original)
ISBN: 85-7110-293-7 (JZE, RJ)

CIP-Brasil. Catalogação-na-fonte
Sindicato Nacional dos Editores de Livros, RJ.

Wilkie, Tom

W675p Projeto Genoma Humano: um conhecimento perigoso / Tom Wilkie; tradução, Maria Luiza X. de A. Borges; revisão técnica, Darci Fontoura de Almeida. — Rio de Janeiro: Jorge Zahar Ed., 1994.

(Ciência e cultura)

Tradução de: Perilous knowledge: the Human Genome Project and its implications
ISBN: 85-7110-293-7

1. Projeto Genoma Humano. 2. Mapeamento cromossômico — Aspectos morais e éticos. I. Título. II. Série.

94-0836 CDD — 174.25
CDU — 174.2

# SUMÁRIO

Às três mulheres da minha vida,
com amor

# Prefácio

Tornou-se um clichê de nossos tempos dizer que o ritmo da mudança científica e tecnológica acelerou-se, alcançando proporções vertiginosas. Tornou-se clichê porque é verdade. No mundo ocidental industrializado, por exemplo, nenhuma pessoa deixou de ter sua vida afetada pelo ubíquo *chip* do computador. No entanto, quando estudei física na universidade, o que nos ensinavam ali ainda era a eletrônica das válvulas, antes de nos apresentarem a componentes eletrônicos verdadeiramente exóticos, como transistores: os *chips* nunca foram sequer mencionados. E não sou tão velho assim.

No mundo inteiro, dificilmente haverá alguém que não tenha sido direta ou indiretamente afetado pela descoberta da fissão atômica, no final da década de 1930. Esse ramo aparentemente obscuro da mecânica quântica aplicada — e que assunto poderia parecer mais obscuro que este? — conduziu à bomba atômica e, mais tarde, a uma arma de poder destrutivo praticamente ilimitado: a bomba de hidrogênio. Até o mais pobre camponês que cultiva um campo de arroz na mais remota província da China está envolvido: caso pague algum imposto, está tendo de pagar mais para sustentar o desenvolvimento e a manufatura dos armamentos nucleares de seu país; caso seja pobre a ponto de não ter de pagá-los, há menos dinheiro disponível para arrancá-lo da situação de pobreza, porque ele foi previamente absorvido pelo custo do arsenal nuclear.

Agora, quando o século da ciência está prestes a terminar, outro desenvolvimento promete afetar as vidas de todos nós da maneira mais próxima e íntima. Depois de décadas de laboriosa pesquisa, trilhas aparentemente díspares abertas nas ciências da biologia molecular, química, biologia e genética convergiram. De repente os cientistas se dão conta de que não estão apenas numa clareira no meio da selva, mas no pico de uma montanha, de onde podem divisar com nitidez toda a paisagem em volta. Agora estão confiantes de que podem enfrentar uma das maiores e mais profundas questões de sua ciência: desvendar a mensagem da herança humana. Dentro de pouco mais de uma década, acreditam, terão localizado todos os genes humanos e esmiuçado a dupla hélice do ácido desoxirribonucléico (ADN) humano, de modo a poder inserir todo o conjunto de instruções genéticas que especificam um ser humano em arquivos de computador.

A reprodução humana — a geração e o parto de crianças — e o curso das vidas humanas, em particular o impacto que têm sobre elas doenças como a anemia falciforme e o câncer, serão profundamente afetados pela nova genética humana. Comer dessa árvore da sabedoria talvez não signifique a plena realização da promessa da serpente — "vossos olhos se abrirão e sereis como os deuses" —, mas esse saber trará também, inevitavelmente, poder. Como esse poder será exercido e quem o controlará? Esse é o tema central deste livro.

Uma das frustrações da biologia molecular é que seus profissionais, mais ainda que os da física nuclear, falam o que parece ser uma língua estrangeira. Embora os conceitos que empregam não sejam necessariamente mais sutis que os dos físicos nucleares ou os dos cosmólogos, são expressos em termos praticamente incompreensíveis para o leitor comum. O geneticista habita uma Babel em que heterozigotos transportam alelos dominantes e recessivos em seus *loci* genéticos. Também os astrônomos lidam com objetos celestes incomensuravelmente distantes, mas todo mundo que já olhou para cima à noite conhece as estrelas. Já os geneticistas lidam com a substância que faz de nós o que somos, e no entanto, afora os profissionais da ciência biológica, muito pouca gente viu alguma vez os próprios cromossomos.

Alguns pesquisadores dão mostras de inegável arrogância, de uma espécie de desdém patrício pela massa dos plebeus. Nossa pesquisa, parecem dizer, vai mudar a vida das massas, quer elas a conheçam ou não, quer gostem dela ou não e, se quiserem opinar sobre ela ou tentar influenciar o modo como as afetará, terão de adotar nosso vocabulário e dominar nosso jargão técnico. Só o discurso vazado em nossos termos será considerado legítimo.

Conseqüentemente, alguns livros sobre a nova genética humana estão escritos de tal modo que parecem manuais oficiosos, carregados com o jargão da área. Tentei uma abordagem diferente e acabei por escrever tanto sobre história quanto sobre biologia. Espero ter conseguido evitar a linguagem dos tecnocratas, embora alguns termos especializados sejam inevitáveis. Além disso, tentei evitar um trabalho de cunho muito técnico no sentido filosófico — em parte porque não sou competente para fazê-lo, mas também porque me parece importante ter sempre em vista, com clareza, o que a ciência e a tecnologia provavelmente realizarão e que problemas morais provavelmente se apresentarão em conseqüência disso. O que está além do horizonte é invisível, e descrever a paisagem que pode ser avistada já é trabalho suficiente. O passado pode iluminar o presente e, como a história do modo como as sociedades democráticas lidaram com a genética humana no passado me parece relevante para a situação atual, tratei de recontá-la com alguns detalhes.

Qualquer discussão sobre as conseqüências morais do Projeto Genoma Humano deve ter por base uma compreensão tanto dos poderes como dos limites da ciência — e para isso a história das ciências é tão necessária quanto os fatos básicos da biologia. A primeira seção deste livro apresenta uma breve exposição do modo como a ciência da biologia molecular chegou à etapa em que uma iniciativa tão ambiciosa quanto o Projeto Genoma Humano pôde ser contemplada e descreve o surgimento do próprio projeto. Depois da ciência vem a aplicação, e com ela as novas escolhas para os indivíduos e a sociedade. Estas são descritas nos Capítulos 6 a 8. Um aspecto do Projeto Genoma Humano recebeu relativamente pouca atenção, embora tenda a ser dos mais significativos em termos de seus efeitos sobre nossas vidas. Depois que um gene é identificado e isolado, um dos primeiros passos é introduzi-lo, por meio da engenharia genética, numa bactéria ou outro microorganismo, de modo que o micróbio produza a proteína correspondente em abundância. A disponibilidade de grandes quantidades de proteínas humanas anteriormente raras vai configurar uma situação nova, e algumas das possíveis conseqüências disso são descritas no Capítulo 7.

Como a espada da justiça, a tecnologia tem dois fios. Pode ser usada para o bem ou para o mal. As tecnologias que resultarão, e que já resultaram, dos avanços na genética humana podem aliviar o sofrimento e a miséria humanos. Cabe, porém, a nós leigos, e não aos profissionais, controlar o novo conhecimento e sua aplicação tecnológica. O único meio de fazê-lo é transcender a abordagem do geneticista — lembrar que os seres humanos são mais do que meros veículos para a transmissão de informação genética de uma geração para a seguinte, e que a vida humana é mais que a mera expressão de um programa de computador escrito na linguagem bioquímica do ADN.

Gostaria de agradecer ao Dr. Jeremy Cherfas e ao Dr. Richard Nicholson por seus incentivos e conselhos. Sou também especialmente grato a Eleanor Lawrence, que preparou os originais, e a Susanne McDadd por sua orientação e incentivo. Nenhum livro jamais fica realmente pronto e os erros que restam são, é claro, meus próprios.

T. W.

# 1

# À PROCURA DO SANTO GRAAL

Ele tem sido chamado o Santo Graal da biologia contemporânea. Custando mais de 2 bilhões de libras, é o projeto científico mais ambicioso desde o programa Apollo para o pouso do homem na Lua. Sua realização demandará mais tempo que as missões lunares, pois só se completará nos primeiros anos do próximo século. Antes mesmo de concluído, segundo seus defensores, o projeto proporcionará uma nova compreensão de muitas das enfermidades que afligem a humanidade e novos tratamentos para elas. Graças ao Projeto Genoma Humano, haverá novas possibilidades de afastar os espectros do câncer, da cardiopatia, de doenças auto-imunes como a artrite reumatóide e algumas enfermidades psiquiátricas.

O objetivo do Projeto Genoma Humano, embora simples de enunciar, é de uma abrangência audaciosa: mapear e analisar cada um dos genes contidos na dupla hélice do ADN humano. O projeto revelará uma nova anatomia do homem — não ossos, músculos e tendões, mas o esquema genético completo de um ser humano. Assim como o primeiro atlas anatômico de Vesálio inaugurou uma nova era na medicina humana, também — afirmam os defensores do Projeto Genoma Humano — a nova anatomia genética vai transformar a medicina e mitigar o sofrimento humano no século XXI. Outros, porém, vêem o futuro através de lentes mais escuras e temem que o projeto possa abrir a porta para um mundo povoado por Frankensteins e desfigurado por uma nova eugenia.

A herança genética que um bebê recebe dos pais no momento da concepção decide grande parte de seu desenvolvimento posterior, determinando as mais variadas características: se terá ou não olhos azuis, se sofrerá ou não de uma doença potencialmente mortal como a fibrose cística. O genoma humano é o compêndio de todas essas instruções genéticas herdadas. Em toda a extensão da dupla hélice do ADN estão escritas as letras químicas do texto genético. É um texto extremamente longo, pois o genoma humano contém mais de 3 bilhões de letras. Se impresso em páginas, encheria cerca de 7 mil volumes do tamanho deste. No entanto, dentro de pouco mais de uma década, a posição de cada letra e sua relação com as vizinhas terão sido encontradas, analisadas e registradas.

Em face do imenso número de letras contido no genoma humano, a natureza se mostra um excelente revisor de provas. Às vezes, porém, ocorrem erros. Um erro numa única "palavra" — um gene — pode ocasionar a doença invalidante da fibrose cística, a afecção genética mais comum entre os brancos. Erros na receita genética da hemoglobina, a proteína que dá ao sangue sua cor vermelha característica e que transporta oxigênio dos pulmões para o resto do corpo, ocasionam o mais comum dos distúrbios determinados por um único gene: a talassemia. Um erro diferente no mesmo gene — erro numa única letra entre cerca de 3 bilhões — é responsável por outra das mais disseminadas doenças genéticas, a anemia falciforme. Sabe-se que mais de 4 mil desses defeitos de um único gene atormentam a humanidade. Em sua maioria, são fatais; as vítimas são na maioria crianças. A dor e o sofrimento envolvem não apenas os atingidos pela doença genética, mas também seus pais, que têm de conviver com a idéia de que transmitiram o defeito como parte da herança genética do seu filho.

Nenhum dos distúrbios causados por um único gene é uma doença no sentido convencional, para a qual seria possível administrar um remédio: o defeito está pré-programado em cada célula do corpo do paciente. Mas há esperança de progresso. Em 1986 pesquisadores americanos identificaram o defeito genético subjacente a um tipo de distrofia muscular. Em 1989 uma equipe de biólogos americanos e canadenses anunciou ter descoberto a localização do gene que, quando defeituoso, dá origem à fibrose cística. Na verdade, haviam não só localizado o gene como analisado a seqüência de letras nele contidas e identificado o erro "ortográfico" responsável pela doença. No mínimo, esses avanços científicos proporcionam um meio de proteger pais que correriam risco de transmitir um defeito monogênico a qualquer filho que concebessem. É possível testar fetos ainda no útero e, pela constatação de que estão isentos de defeito genético, aliviar os pais de temores e tensão, assegurando-lhes que terão um bebê livre do distúrbio.

Em seguida, em setembro de 1991, ocorreu um avanço assombroso: uma menina de quatro anos tornou-se a primeira paciente a sofrer um transplante de gene bem-sucedido no tratamento de uma doença genética fatal. Cópias intactas de um gene foram inseridas nas células de seu corpo para compensar o não-funcionamento das cópias defeituosas que herdara. Os genes transplantados forneceram um novo conjunto de instruções para as células afetadas, que corrigiram o defeito inato da menina.

Em meados da década de 1980, ganhou força no mundo científico a idéia de que as técnicas que estavam permitindo decifrar com sucesso os genes relacionados com doenças poderiam ser aplicadas a um projeto mais amplo: se a ciência era capaz de aprender a ortografia genética da fibrose cística, por que não tentar soletrar o "ser humano"?

Logo ganhou corpo o entusiasmo em torno do Projeto Genoma Humano e do seu objetivo de "seqüenciar" o genoma em sua totalidade — escrever as letras uma a uma na ordem correta. Trata-se do mais audacioso e certamente do maior esforço jamais empreendido na biologia, que fará do século XXI a era do gene. Embora possa ser comparado ao programa Apollo, o Projeto Genoma Humano vai transformar a vida e a história humanas mais profundamente que todas as sofisticadas invenções tecnológicas da era espacial. Seu impacto excederá de muito a compreensão e o tratamento dos defeitos já mencionados de um único gene. Há claros indícios de que outras doenças, como o diabetes, as cardiopatias, o câncer e algumas enfermidades psiquiátricas, embora não sejam herdadas de maneira direta como a anemia falciforme, possuem forte componente genético.

Mas as ramificações do projeto hoje em andamento em laboratórios e institutos de pesquisa do mundo todo transcendem de muito um mero interesse por doenças. Alguns de seus defensores têm feito afirmações bastante exageradas: que o Projeto Genoma Humano nos permitirá compreender, no nível mais fundamental, o que é ser homem. Ao mesmo tempo, porém, há o temor legítimo de que tamanha ênfase na constituição genética da humanidade possa distorcer nosso senso de valores e nos levar a esquecer que a vida humana é mais que a mera expressão de um programa genético escrito na química do ADN.

Se adequadamente aplicado, o novo conhecimento gerado pelo Projeto Genoma Humano poderá libertar a humanidade do terrível flagelo de diversas doenças. Mas, se não for sabiamente utilizado, envolve também a ameaça de criar novas formas de discriminação e novos métodos de opressão. Ninguém ficará incólume, pois fomos todos formados pela herança genética que recebemos de nossos pais. Muitas características, como altura e inteligência, não resultam apenas da ação dos genes, mas de interações sutis entre estes e o meio ambiente. Quais seriam as implicações se a humanidade viesse a compreender, com precisão, qual é a constituição genética que, dado o mesmo meio ambiente, predisporá um indivíduo a ser mais inteligente do que outro, com genes diferentemente embaralhados? O Projeto Genoma Humano promete que, no final das contas, seremos capazes de alterar nossa herança genética, se quisermos. E aí reside o problema moral central: como ter certeza de que nossa escolha, se a fizermos, será correta? Como ter certeza de que tal possibilidade é uma promessa e não uma ameaça?

A inexorável curiosidade dos cientistas já trouxe à luz uma vez, neste século, forças da natureza cujo domínio moldou o destino de nações inteiras e lançou uma sombra sobre todas as nossas vidas. Depois que a nuvem em forma de cogumelo se ergueu sobre o deserto do Novo México para anunciar o início da era atômica, em 1945, J. Robert Oppenheimer, o criador da bomba, comentou: "Sabíamos que o mundo não seria mais o mesmo." O domínio pela humanidade de seus próprios genes não será demonstrado da mesma forma espetacular, mas o trabalho dos laboratórios de genética vai transformar o mundo tão certamente, e talvez ainda mais profundamente, quanto o dos físicos de Los Alamos. Segundo Oppenheimer, ao criar uma arma de destruição em massa, "os físicos conheceram o pecado; e esse é um conhecimento que não podem esquecer". As escolhas que se apresentam aos geneticistas são menos bem definidas, mais sutis, encerrando o risco da queda inopinada no pecado em meio à própria tentativa de fazer o bem.

Enquanto Alamogordo em 16 de julho de 1945 serve como um marco adequado do nascimento da bomba atômica, a era da genética jamais poderá ter um parto tão claramente definido. Mas é possível pelo menos datar sua concepção. Em 1953, na Universidade de Cambridge, Inglaterra, dois jovens brilhantes, James Watson e Francis Crick, descobriram que o ADN, o mensageiro molecular da herança humana — e da herança de toda criatura viva na face da Terra —, carregava suas informações dentro das espirais de uma hélice dupla. Embora os tempos atuais tenham visto descobertas científicas de monumental importância, que vão desde a teoria da relatividade de Einstein até a fissão nuclear que detona a bomba atômica, vários ganhadores do Prêmio Nobel qualificaram o feito de Watson e Crick como a maior descoberta científica isolada do século XX.

Cerca de quatro décadas mais tarde, depois de dividir o Prêmio Nobel de 1962 pela descoberta da hélice dupla, James Watson pôs seu talento a serviço da expedição dos Estados Unidos à estrutura genética da humanidade, assumindo seu comando. O Projeto Genoma Humano é um esforço internacional: trata-se não de um, mas de muitos projetos, com pesquisadores em diferentes laboratórios de diferentes países empenhados na busca dos genes que mais lhes interessam. O programa dos Estados Unidos é, sem dúvida, o mais bem financiado e coordenado. De modo um tanto inusitado, está sendo conduzido conjuntamente pelos Institutos Nacionais de Saúde (National Institutes of Health — NIH), o órgão que financia a pesquisa médica nos Estados Unidos, e pelo Ministério da Energia. Durante os três primeiros anos, de 1989 a 1992, Watson foi diretor da principal agência, o Centro Nacional para Pesquisa do Genoma Humano, fundado pelos NIH.

O conhecimento sobre o genoma humano, acredita James Watson, abrirá caminho para uma meta que diz respeito a toda a humanidade: propiciará uma redução do sofrimento humano causado pela doença genética. Atualmente o co-descobridor da hélice dupla trabalha num tranqüilo gabinete do Cold Spring Harbor Laboratory, em Long Island, na cidade de Nova York, um dos mais importantes institutos de pesquisa genética do mundo, sob sua direção há 1/4 de século. A crueldade dos erros genéticos e o sofrimento que causam ao ser humano são temas recorrentes em sua conversa. A medicina do século XXI será dominada pela genética, acredita o Dr. Watson, e são as implicações médicas que impulsionam o projeto genoma dos Estados Unidos. Dada a presença de um componente genético em muitas doenças mais complexas, desde o diabetes de início tardio até, possivelmente, a artrite, o diagnóstico genético não se restringe necessariamente à testagem de fetos ameaçados de defeitos genéticos graves. Abriu-se caminho para a medicina genética preventiva. Caso se possa descobrir, a partir da análise dos genes de uma pessoa, que ela tem propensão ao diabetes, por exemplo, será possível alterar sua dieta desde tenra idade, reduzindo as chances do efetivo desenvolvimento da enfermidade.

Economistas e industriais já estão de olho nas possibilidades comerciais que o projeto genoma lhes abre. Segundo estimativa feita pelo Centro Britânico para a Utilização da Ciência e Tecnologia, no ano 2010 os produtos derivados da pesquisa do genoma poderão responder por 60 bilhões de dólares ou mais nas vendas de medicamentos, o que corresponde à metade das vendas da indústria farmacêutica internacional em 1992. O órgão avalia que será necessário investir 30 bilhões de dólares em "desenvolvimento" para converter os dados brutos gerados pelo projeto em produtos comercializáveis. Embora possa parecer enorme, essa cifra representa apenas dois anos dos gastos atuais da indústria farmacêutica mundial em pesquisa e desenvolvimento.

Mas há vozes discordantes. Mesmo no campo da biologia, alguns cientistas são céticos. Alguns pesquisadores americanos têm-se oposto vigorosamente à criação de grandes instituições centralizadas, como o Centro Nacional para Pesquisa do Genoma Humano dos Estados Unidos, afirmando que, em razão de sua posição de destaque, elas atrairiam verbas que em outras circunstâncias poderiam beneficiar projetos de pesquisa não tão em moda, mas talvez mais úteis. Apontam para o surgimento da "ciência em grande escala" em outros campos — como o da física das partículas, que depende de imensos desintegradores de átomos conservados por batalhões de técnicos e cientistas de plantão — e constatam os problemas de gerenciamento que empreendimentos desse tipo geram inevitavelmente. Mesmo os defensores do projeto genoma admitem que, quando o trabalho de seqüenciamento em grande escala começar para valer, ele deverá inevitavelmente ser feito em bases semi-industriais. Os céticos preocupam-se também com o dirigismo a partir do centro: temem que, em vez de ter o direito de escolher seus próprios tópicos de pesquisa — de investigar as idéias que lhes pareçam cientificamente interessantes e produtivas —, possam ser incumbidos da tarefa de seqüenciar um enfadonho trecho de ADN.

Ainda nos primeiros dias do projeto americano, Watson deu motivos para esse temor, indicando que o seqüenciamento do bocado mais enfadonho do genoma deveria ser entregue aos soviéticos. Desde então observações desse gênero têm sido evitadas. Numa atitude ainda mais controvertida, a certa altura ele deu a entender que os Estados Unidos manteriam seus dados em segredo caso outras nações não contribuíssem na mesma medida para o projeto. A idéia de que os Estados Unidos, ou qualquer outra nação, pudessem ter o monopólio da planta do genoma humano era no mínimo polêmica. Mas quando a Organização do Genoma Humano (Human Genome Organization, conhecida inevitavelmente como Hugo), fundada em 1988, começou gradualmente a desempenhar seu papel na coordenação dos esforços internacionais, esses temores se aplacaram e se restabeleceu a harmonia entre os laboratórios. Em 1991, no entanto, a questão ganhou novo alento em razão de tentativas feitas por outro departamento dos NIH de patentear qualquer fragmento do ADN humano, quer os cientistas tivessem ou não alguma idéia sobre a sua função. Isso levou outras nações — em especial a Grã-Bretanha — a advertir que iriam seguir o exemplo, patenteando todas as seqüências de ADN que isolassem. No momento em que escrevo, todo o edifício da colaboração internacional parece ameaçado por uma sórdida disputa em torno de quem deterá direitos comerciais sobre o ADN humano. Essa é uma história emaranhada, ainda não resolvida, que vamos examinar com maiores detalhes mais adiante neste livro.

Disputas entre cientistas em torno do financiamento de projetos de pesquisa não são novidade; a contenda em torno da garantia dos frutos da pesquisa por meio de patentes suscita questões jurídicas, mas é basicamente um conflito comercial. Outros têm feito objeções ao projeto genoma centradas não em questões monetárias, mas em questões morais mais profundas. Watson admite: "À medida que se constata que mais e mais coisas têm componentes genéticos, podemos notar um sentimento de perda de controle sobre nosso próprio destino." No início, ele estipulou que 3% do dinheiro gasto no Projeto Genoma Humano dos Estados Unidos seriam dedicados ao exame das implicações sociais, éticas e jurídicas do trabalho. Atualmente esse é o maior programa de pesquisa em bioética nos Estados Unidos, e, de fato, no mundo. E o volume de dinheiro gasto está aumentando: "Estamos gastando 5% de nosso dinheiro com o medo das conseqüências, e isso vai aumentar", disse Watson. "À medida que vamos aprendendo cada vez mais, a civilização não pode continuar ignorando o que somos, qual é a natureza da vida e as implicações sociais do que estamos aprendendo sobre a biologia." Ele está firmemente convencido de que, para que a sociedade possa enfrentar as conseqüências desse conhecimento, as pessoas devem aprender mais sobre genética e ficar mais informadas a respeito. Toda a questão da natureza e do valor da vida humana será inevitavelmente suscitada. "Não é tão simples como na época em que pensávamos que todas as nossas características eram ditadas pelo céu e, com elas, as regras para o comportamento humano. Não temos esse consolo." Mas Watson rejeita o pessimismo. As novas tecnologias genéticas não virão degradar nossos valores: "Não acredito que vá ocorrer uma redução do respeito pela vida humana." E as vantagens suplantarão os possíveis abusos: "A doença nunca é enobrecedora e, na medida em que o Projeto Genoma Humano for capaz de evitá-la, a vida humana será melhor."

A maioria dos geneticistas acredita, como James Watson, que a genética deve servir fundamentalmente a objetivos humanos. Os problemas morais surgem quando se tentam definir esses objetivos e assegurar que os meios necesssários para atingi-los são eticamente aceitáveis. Segundo alguns eminentes geneticistas, a nova genética não suscita nenhuma questão moral ou ética realmente nova: o que está sendo feito nos laboratórios e clínicas de genética do mundo industrializado, dizem eles, é uma simples extensão do trabalho anterior, não levantando quaisquer novas questões de princípio. Isso é verdade, mas não é o que importa. A investigação da genética humana atualmente empreendida sob a égide do Projeto Genoma Humano apresentará os velhos dilemas morais sob nova roupagem. Os cientistas não consideram trivial a tarefa de ampliar seu atual conhecimento sobre a genética humana; do mesmo modo, não há razão para descartar como trivial o processo de ampliar nossa compreensão moral das conseqüências dessa pesquisa — ainda que os princípios morais básicos permaneçam intocados. Quando o presidente Kennedy decidiu, nos anos 60, que os americanos chegariam à Lua, não reservou 3% do orçamento para a consideração das implicações éticas disso. Vale notar também que, de modo geral, os que negligenciam as implicações éticas da nova genética tendem a ser cientistas que trabalham em laboratório, longe da aplicação clínica da tecnologia. Watson é, evidentemente, uma notável exceção. Os que têm de ir diariamente a uma clínica hospitalar e encarar pais que correm o risco de ter filhos com defeitos genéticos têm muito mais consciência do impacto humano e moral das novas técnicas. No Reino Unido, por exemplo, sir David Weatherall, que além de ser um dos mais eminentes pesquisadores das doenças hereditárias do sangue também clinica, assumiu a frente da promoção, tanto entre os médicos como no governo, do debate sobre as conseqüências mais amplas da nova genética.

Um pesquisador médico que foi obrigado a se defrontar com as escolhas morais abertas por uma tecnologia anterior, que ele mesmo ajudara a criar, é o professor Robert Edwards, que, com Patrick Steptoe, foi o pioneiro da técnica da fertilização *in vitro*, a qual permitiu o nascimento do primeiro "bebê de proveta" do mundo. Num discurso feito em 1987 no Centro de Política e Ética Social, da Universidade de Manchester, Edwards advertiu que não se deve esperar dos cientistas orientação moral sobre as conseqüências de seu trabalho:

> Os cientistas são notoriamente desprovidos de ética se comparados à população em geral. Muitos deles não se interessam em participar desses debates sequer em seu próprio campo de trabalho, a menos que as circunstâncias sociais os empurrem literalmente para a discussão ética. A maioria dos cientistas nunca teve uma formação ética e enfrenta consideráveis dificuldades quando obrigada a expressar seus próprios princípios éticos em relação à sua disciplina.

O reverso dessa medalha é que poucos filósofos da moral têm formação científica e assim, ao considerar as implicações morais da nova genética, podem, por exemplo, dedicar excessiva atenção a tópicos cuja probabilidade é muito remota e que portanto não deveriam ocupar demais nossas energias. Além disso, o mundo real é mais amplo e mais complicado, e as relações humanas evidentemente mais confusas que as abstrações contempladas, seja no laboratório, seja no seminário de filosofia.

No fim das contas, grande parte do novo conhecimento gerado pelo Projeto Genoma Humano será traduzida em produtos vendidos no mercado com objetivo de lucro. A escolha das descobertas a serem exploradas será orientada por princípios morais ou por considerações comerciais? Embora moralidade e comércio não sejam necessariamente conflitantes, a questão das patentes de seqüências de genes já revelou as tensões existentes. Nas democracias, os representantes eleitos do povo serão os árbitros finais dessas disputas. Em sua maioria, porém, os legislativos já têm suas agendas cheias e o tempo dos representantes é muito requisitado. Faz-se necessário conjecturar antecipadamente que aspectos da nova genética mais tendem a gerar dificuldades e indicar como a sociedade em seu conjunto poderia evitar problemas futuros.

Os cientistas tendem a presumir que o conhecimento que produzem pode ser assimilado e utilizado pelas instituições existentes na sociedade. Mas pode não ser assim. Parte desse conhecimento pode ser, em si mesma, subversiva das instituições existentes. Nesse caso, é possível que esses aspectos da ciência não sejam desenvolvidos ou que, se o forem, seus resultados sejam aplicados lentamente. Há um exemplo claro disso no passado recente: o fumo. Nada pode ser mais claro que a demonstração da relação entre fumo, câncer e doenças do coração. Isso não é mais novidade, mas, quando foi exposto pela primeira vez nos anos 50 pelo epidemiologista sir Richard Doll, tratava-se de uma descoberta sem precedentes. Desde a publicação dos primeiros artigos científicos, as companhias de cigarros contestaram as provas durante décadas, insistindo no ceticismo por muito tempo depois de o consenso científico ter concluído que a relação era inequívoca. Tendo fracassado nessa tentativa de solapar as provas científicas, as companhias passaram a empregar argumentos expressos na linguagem moral dos direitos individuais, alegando que coibir o fumo seria violar a liberdade pessoal. Assim, as companhias, suas agências de propaganda e mesmo, até recentemente, a imprensa e a TV comerciais patrocinaram o prosseguimento da fabricação de um produto sabidamente carcinogênico, fabricação que — se soubéssemos, quando o fumo foi introduzido, o que sabemos agora — jamais teria sido permitida em razão do perigo que representa para a saúde pública. Até os governos foram lentos em agir contra o lobby das companhias de cigarro, por medo de desvantagens político-partidárias, já que a industria é hábil em descobrir os lugares certos para fazer exercer sua pressão (o lobby tem mais poder que as leis da ciência ou que a lógica da argumentação moral na formulação das leis de um país), e por medo de gerar desemprego entre os trabalhadores desse setor (e da maior impopularidade política daí resultante). A capacidade da sociedade de lidar com um conhecimento novo é limitada quando ele entra em choque com interesses sacramentados.

Se a questão moral central é a escolha correta entre as novas opções que o Projeto Genoma Humano vai abrir, uma primeira tarefa essencial é identificar adequadamente quais tendem a ser essas opções. Estaremos realmente à beira do "supermercado genético", por exemplo, em que futuros pais irão escolher e comprar as características que gostariam de ver expressas em seus filhos? Ou é provável que a tecnologia genética jamais alcance tal nível de avanço? Pelo menos por enquanto, podem-se descartar os temores mais sinistros de uma funilaria frankensteiniana por atacado envolvendo a herança genética da humanidade. O projeto genoma é antes e acima de tudo um programa de pesquisa para ampliar nosso conhecimento sobre a genética humana, e portanto a primeira questão a considerar é a do manejo desse conhecimento: quem tem direito de possuir informação sobre o ADN humano e quem deve ter acesso a ela? Como se observou antes, a tentativa de patentear genes humanos já suscitou questões desse tipo do ponto de vista do interesse nacional e das vantagens comerciais. Mas, a despeito de toda a acrimônia internacional gerada pela questão das patentes, poucas autoridades nacionais se opõem ao princípio do registro de genes humanos como patentes; o que se discute é o momento adequado. Acredita-se que a devida proteção por patentes dará às companhias farmacêuticas comerciais a segurança necessária para investirem seu próprio dinheiro no desenvolvimento de kits diagnósticos e medicamentos genéticos.

O diagnóstico genético também gera conhecimento novo — nesse caso, não uma compreensão genérica da hereditariedade humana, mas informações específicas sobre a herança genética de indivíduos. Aqui também surgem problemas de direito de acesso a esse tipo de informação. Pessoas que têm um gene anômalo podem correr o risco de gerar filhos com a doença correspondente, ou de desenvolver elas próprias essa doença mais tarde. A questão crucial é que um diagnóstico genético poderá ser feito meses, anos, por vezes décadas antes do aparecimento dos primeiros sintomas. Essa presciência lança uma carga absolutamente intolerável sobre os ombros dos futuros pais, se o diagnóstico for feito durante a gestação de um filho, ou sobre um indivíduo, se o exame for realizado num adulto que corre o risco de desenvolver a doença futuramente.

À primeira vista, pode parecer que não há propriedade mais privada, informação mais pessoal e confidencial que o próprio esquema genético individual de um ser humano. Uma breve reflexão, contudo, mostra que isso não é verdade. Se eu sou portador de uma doença genética potencialmente letal que só se manifestará dentro de duas décadas, minha esposa certamente tem o direito de saber disso agora, no interesse dos filhos que ainda não nasceram. Se eu desejar fazer um seguro de vida, a companhia vai ou não exigir que eu me submeta a uma análise dos genes relevantes? E se eu tiver os genes "errados", poderá ela recusar-se legalmente a fazer o seguro?

O Estado também tem interesse na saúde genética dos seus cidadãos, pois é obrigado a subsidiar os custos de assistência médica aos que sofrem de doenças parcialmente determinadas pelo que está escrito em seus genes. Há o risco de o conhecimento gerado pelo Projeto Genoma Humano levar à criação de uma subcasta de párias genéticos a quem seriam negados empregos, planos de seguro e talvez até o direito de se casar e ter filhos. Diante dessas possibilidades, o impacto da nova genética não se restringe apenas ao foro do que poderíamos chamar de "moralidade pessoal": haverá conseqüências para a forma e a organização da sociedade mais ampla. Não é muito exagerado apontar, por exemplo, que talvez uma sociedade em que haja amplo acesso aos testes genéticos venha a se provar incompatível com um sistema privado de seguros de saúde, como o que prevalece nos Estados Unidos, só sendo compatível com um sistema médico "socializado", como o Serviço Nacional de Saúde do Reino Unido.

Algumas pessoas nos Estados Unidos já começaram a refletir sobre essas questões e, em setembro de 1991, a assembléia legislativa do Estado da Califórnia aprovou um projeto de privacidade genética que proibiria a discriminação genética e imporia uma moratória de oito anos ao uso de testes genéticos por companhias de seguro de saúde. É digno de nota que a resposta da Califórnia ao progresso científico tenha consistido não em mudar as estruturas sociais e econômicas preexistentes, mediante uma reforma do sistema de seguro de saúde, mas em tentar deter a aplicação da ciência. Seja como for, a tentativa se frustrou com o veto do projeto pelo governador do Estado, Peter Wilson, em 14 de outubro de 1991. O Parlamento Europeu também está atento à questão da privacidade genética e propõe que não se dê acesso a resultados de testes genéticos a companhias seguradoras. No pé em que estão as coisas no momento, se eu descobrir que sou portador de genes que me predispõem particularmente a doenças cardíacas ou a algum tipo de câncer, as leis esperam que eu comunique isso à minha companhia seguradora. Não o fazer seria agir de má fé, o que anularia o contrato de seguro.

Se as pessoas não têm direito à privacidade genética, teriam então *copyright* sobre sua própria informação genética? Parece improvável. Nos Estados Unidos, os tribunais decidiram que as pessoas não são proprietárias dos tecidos de seus próprios corpos. Em 1976 o cidadão John Moore teve o baço removido como parte do tratamento de uma doença chamada "reticuloendoteliose leucêmica" [*hairy-cell leukaemia*]. Os médicos constataram que as células do seu baço produziam um tipo particular de proteína que poderia ser útil no combate ao câncer, e assim, depois de modificar as células de modo a fazer com que se reproduzissem indefinidamente em laboratório, patentearam a resultante linhagem celular "imortal", tomada do Sr. Moore. Em meados de julho de 1990, a Suprema Corte da Califórnia decidiu que Moore não tem direito a nenhuma participação nos lucros obtidos com medicamentos derivados da linhagem celular retirada de seu próprio corpo. O caso Moore foi anterior à iniciativa do genoma humano e não configura um caso bem definido de *copyright* genético, mas o projeto genoma trará essas questões para o primeiro plano.

Os dilemas morais suscitados pelos testes para detecção de doenças genéticas são razoavelmente claros se comparados a algumas das questões que podem surgir. Considere-se o que pode acontecer quando se tornar possível fazer testes não somente para a assinatura genética de uma doença, mas para outras características, não-patológicas. Não é impossível que, dentro de algumas décadas, os pesquisadores tenham levantado os perfis genéticos característicos, por exemplo, da inteligência elevada. Será que, nesse caso, veríamos pais concebendo crianças e abortando-as seletivamente até obterem um feto com o perfil genético desejado? Talvez nem haja necessidade de repetidas concepções seguidas de aborto: seria possível optar pela fertilização *in vitro*, testando os ovos fertilizados para implantar apenas o que possuísse os genes mais favoráveis.

Uma sociedade em que tais coisas ocorressem, mesmo que raramente, poderia parecer profundamente desestimulante: nela a vida humana estaria reduzida a pouco mais que uma especificação genética e os pais, em vez de esperar o melhor para seus filhos, estariam calculando como obter os melhores filhos. No entanto, em algumas sociedades ocidentais, a prática do aborto é hoje praticamente livre, ficando pois difícil provar que a busca de um feto mais inteligente seria, como razão para o aborto, moralmente mais repulsiva que algumas já admitidas hoje em dia. É difícil também imaginar como tais práticas poderiam ser efetivamente proibidas. Em algumas sociedades, onde os bebês de sexo masculino são preferidos, há pais que já usam a tecnologia atualmente disponível para determinar o sexo dos fetos e abortam seletivamente os de sexo feminino.

A genética humana está se modificando com tanta rapidez que aquilo que hoje é tecnicamente viável nesse campo poderá estar obsoleto amanhã. O eminente filósofo da moral Bernard Williams abordou esse aspecto ao falar sobre a ética da nova genética numa conferência organizada pela Fundação Ciba, na Suíça, em 1989. Disse ele: "O debate moral está sob a exigência de não se deter simplesmente diante de um mero fato técnico e dizer que a questão ainda não se coloca." Ele se opôs à idéia de que a melhor maneira de aplacar os temores do povo quanto ao rumo que a genética está tomando seria enfatizar o que atualmente é inviável. Os cientistas, acredita ele, devem estar atentos também ao futuro, e os filósofos poderiam ajudá-los, indicando até que ponto seria moralmente aceitável avançar. Há questões não imediatamente vinculadas à viabilidade técnica que devem ser exploradas com relação ao Projeto Genoma Humano. Poderia a decifração de nossos genes levar a um vácuo moral, em que a vida humana seria considerada a mera expressão de um conjunto de instruções genéticas — uma espécie de programa de computador bioquímico?

Uma vez que conheçamos o programa escrito em nossos genes pela natureza, a tentação de alterar uns pedacinhos aqui e ali poderá ser irresistível. Menos de meio século atrás a Alemanha, uma das mais cultas e civilizadas nações européias, embarcou num plano de aperfeiçoamento genético, com resultados aterradores. É comum chegar-se à conclusão complacente de que naquela época o país estava nas garras de uma ideologia fascista e racista, que o mundo em geral rechaçou horrorizado e que certamente jamais ressurgirá. No entanto a crônica das relações das democracias do mundo com a genética não é animadora. Idéias eugênicas envolvendo a esterilização compulsória dos "débeis mentais" estiveram muito em voga tanto na Grã-Bretanha como nos Estados Unidos durante as primeiras décadas deste século. Antes da Primeira Guerra Mundical, Winston Churchill, então ministro do Interior, tentou introduzir um programa de melhoria da raça britânica porque, segundo ele acreditava, os débeis mentais estavam se reproduzindo mais que os inteligentes. Nos Estados Unidos, programas desse gênero foram postos em prática e milhares de pessoas foram esterilizadas. Durante os últimos 20 anos, a Índia, a maior democracia do mundo, esterilizou compulsoriamente seus cidadãos como parte de um programa de controle da natalidade.

Todos esses foram casos de brutal interferência no direito que têm os cidadãos de decidir o próprio futuro reprodutivo — mas quais poderiam ser os resultados do emprego da sofisticada tecnologia da biologia molecular atual para interferir na estrutura genética da humanidade? Os que têm a perícia para levar a cabo a manipulação genética, e os que lhes pagam, poderão ter acesso a um grande poder no futuro, e eles, ou as instituições a que servem, talvez busquem assegurar para si o direito exclusivo de decidir como esse poder deve ser exercido. Se, numa sociedade livre, a máxima primordial deve ser a desconfiança nos que detêm o poder, que restrições deveriam ser impostas às atividades dos que investigam a genética humana, se é que devem sofrer alguma restrição?

Na Grã-Bretanha, não há nenhum foro nacional em que se possam debater essas questões, buscando um equilíbrio entre a liberdade dos cientistas para trabalhar nos problemas que lhes parecem os mais desafiantes e interessantes e a capacidade da sociedade de fazer frente às conseqüências dessas pesquisas. Muitos pesquisadores médicos experientes são favoráveis à criação de uma comissão real permanente para a bioética (em moldes semelhantes aos da já existente Comissão Real do Meio Ambiente) para analisar as várias questões que estão sendo geradas pelos avanços da biologia moderna — incluindo o Projeto Genoma Humano —, mas governos conservadores rejeitam inovações desse tipo. Uma grande organização filantrópica, a Fundação Nuffield, tomou a iniciativa de fundar um Conselho de Bioética, não-oficial, para manter ciência e sociedade em harmonia.

O papel da Comunidade Européia vai ganhar crescente importância. Em 1989, o Parlamento Europeu adotou o chamado "relatório Rothley", que limitaria drasticamente o trabalho do Projeto Genoma Humano. Na prática, isso terá pouco efeito — nada acontece em decorrência das leis votadas por iniciativa do Parlamento Europeu, a menos que elas sejam perfilhadas pela Comissão ou até que isso aconteça. Não há dúvida, porém, de que a atitude do Parlamento expressa a ação de fortes influências dentro da Comunidade. O ministro alemão da Pesquisa convenceu o Conselho de Ministros da Comunidade Européia a instituir um comitê de ética para supervisionar as implicações da nova biologia — a engenharia genética de plantas e animais, bem como o Projeto Genoma Humano. Com sua terrível experiência com a eugenia hitlerista, a Alemanha é particularmente sensível, é claro, a questões que envolvam a genética humana. Em 1993 os ministros da Justiça europeus, através do Conselho da Europa, começaram a esboçar uma "Convenção para a proteção da pessoa humana com relação à ciência biomédica".

Outros países estão mais avançados que o Reino Unido no tocante a essas questões. Austrália, Dinamarca, França e Itália possuem comissões patrocinadas pelo governo para investigar as implicações éticas e jurídicas da medicina e da biologia atuais. Nos Estados

Unidos, muitas dessas questões foram estudadas pela Comissão Presidencial para o Estudo dos Problemas Éticos na Medicina e na Pesquisa Biomédica e Comportamental. Ironicamente, essa comissão realizou seu trabalho antes que as principais feições da nova tecnologia estivessem definidas, e exatamente no início dos anos 80, quando a ciência avançava, o presidente Reagan a aboliu. Até certo ponto, a pesquisa ética que está sendo desenvolvida em paralelo com os aspectos científicos do Projeto Genoma Humano dos NIH envolverá a atualização e revisão de algumas das conclusões da comissão.

Ao longo deste livro, tratarei as palavras "moral" e "ética" como aproximadamente sinônimas. O termo "ética médica" designa em geral o código de conduta profissional elaborado para regular as relações de clínicos e cirurgiões com seus pacientes, mas esse é por si só um tema vastíssimo, que será apenas tangenciado neste livro. As questões morais são muito mais amplas do que as geradas na prática profissional da clínica e do consultório, e não basta considerar isoladamente as conseqüências morais de um novo conhecimento científico — é preciso considerar também suas implicações sociais, o modo como a sociedade (e não apenas os indivíduos dentro dela) as enfrentará. No Reino Unido, há pouca tradição de refletir detidamente sobre esses problemas — chamados, nos Estados Unidos, de questões de política pública.

As opções abertas pelo Projeto Genoma Humano serão novas, mas os princípios morais básicos que nortearão as escolhas que faremos entre elas não o são. Outros fizeram escolhas análogas no passado, e a segunda parte deste livro examina que escolhas foram feitas e como o foram. Essa ênfase no passado pode parecer estranha num livro cujo tema é o futuro. Mas não é assim. O conhecimento do passado é um guia indispensável para o futuro. Pois, como Santayana advertiu, quem não se lembra da história está condenado a repeti-la.

## 2

# O MENSAGEIRO DA HERANÇA

A sede dos Institutos Nacionais de Saúde (NIH) dos Estados Unidos ocupa um amplo conjunto de prédios modernos espalhados num parque verdejante e bem arborizado em Bethesda, Maryland, a apenas meia dúzia de paradas do metrô do centro de Washington. Foi ali, em 14 de setembro de 1990, que teve lugar a primeira iniciativa bem-sucedida de tratar uma doença pelo transplante de genes humanos para o corpo do paciente. Uma equipe de quatro pesquisadores médicos — W. French Anderson, Michel Blaese, Ken Culver e Steven Rosenberg — inoculou glóbulos brancos modificados por engenharia genética numa menina de quatro anos de idade cujo sistema imune estava gravemente afetado por um defeito hereditário. Cinco meses depois, no encontro anual da Associação Americana para o Progresso da Ciência, o Dr. Blaese comunicou que, ao que tudo indicava, as células modificadas por engenharia genética tinham tido o efeito pretendido de reforçar a resistência da menina a doenças. Menos de oito meses depois de receber o primeiro tratamento, a menina já estava patinando no gelo e freqüentando aulas de dança — notável transformação para alguém cuja vida até então fora atormentada pelo medo de que a exposição à mais banal das infecções pudesse revelar-se fatal.

O corpo da menina não era capaz de produzir uma proteína essencial — a enzima deaminase adenosina (ADA). Sem ela, seu sistema imune não tinha condições de se desenvolver ou funcionar adequadamente. A deficiência de ADA é uma das causas de uma afecção conhecida como imunodeficiência combinada grave (SCID, do inglês *severe combined immune deficiency*), sendo responsável por cerca de 1/5 a 1/4 de todos os casos dessa doença. As pessoas que sofrem de SCID não possuem o arsenal natural de defesas contra bactérias, vírus e fungos invasores que assegura a vida e a saúde das demais. Correm perigo de vida em razão de infecções que em outras pessoas não causariam mais que um resfriado. A maioria das crianças que nasce com SCID morre cedo — em geral, com cerca de dois anos — em decorrência de infecção violenta. Num caso famoso, um menino de Houston, Texas, passou sua breve vida dentro de uma bolha de plástico, num esforço para isolá-lo de contato com germes nocivos. Com uma incidência mundial avaliada entre um caso em 100 mil a um caso em 5 mil nascimentos, a SCID é felizmente rara, embora saber isso não contribua muito para minorar a tragédia das famílias que ela aflige.

A SCID não é uma doença infecciosa, não é resultado de algum dano externo. Não tem relação alguma com a síndrome da imunodeficiência adquirida (AIDS), que, embora também ocasione a incapacitação do sistema imune do paciente, é uma doença infecciosa transmitida por um vírus e age sobre o sistema imune por um mecanismo completamente diferente. A SCID, ao contrário, é parte do ser do paciente, tão inata quanto a cor de seus olhos ou o padrão de suas impressões digitais. Havia uma falha na herança genética que a menina recebeu dos pais: as instruções — o gene — para a fabricação da ADA eram falhas e o gene não pôde operar corretamente. Os glóbulos brancos que Blaese transfundiu para ela haviam sido geneticamente modificados para conter uma cópia normal, de funcionamento correto, do gene da ADA.

A ADA é uma proteína — uma das classes de moléculas essenciais à vida. Muitas dezenas de milhares de diferentes proteínas (o número exato é desconhecido) contribuem para formar a estrutura do corpo humano e assegurar que ele funcione adequadamente. Entre elas estão a hemoglobina, que dá às células vermelhas do sangue sua cor característica e transporta oxigênio dos pulmões para o resto do corpo, e o colágeno, que representa cerca de 1/3 de toda a proteína do corpo humano e é a principal proteína nos tendões e cartilagens. As enzimas — catalisadores bioquímicos essenciais — são proteínas; também o são os anticorpos que o sistema imune produz para combater infecções, assim como muitos hormônios, como a insulina, responsável pela regulação dos níveis de açúcar no sangue.

As instruções que uma célula "lê" para fabricar determinada proteína estão contidas num gene que por vezes é referido como o "codificador" dessa proteína. Os genes não agem apenas durante o crescimento e desenvolvimento de um embrião; todas as células estão constantemente lendo as receitas genéticas das proteínas para em seguida "expressar" os genes mediante a fabricação destas. Enquanto estou aqui escrevendo, meu sistema imune está fabricando anticorpos para combater o ligeiro resfriado que peguei; meu cabelo está crescendo, talvez imperceptivelmente, mas as células estão fabricando novas proteínas; sem me dar conta disso, estou digerindo meu almoço e a decomposição da comida requer a ajuda de enzimas; além disso, os glóbulos vermelhos de minha corrente sangüínea duram apenas cerca de 120 dias, de modo que meu corpo está atarefado em reconstituir o suprimento, produzindo nesse processo abundantes quantidades de hemoglobina. Tudo isso e mais ainda ocorre porque as células de meu corpo estão lendo as instruções escritas nos meus genes e traduzindo essas instruções na forma das proteínas de que preciso para viver. O genoma humano é o compêndio de todas essas instruções genéticas, e cada célula do corpo humano contém sua própria cópia privada da totalidade do genoma humano. Todo organismo vivo, da bactéria ao homem, tem seu próprio genoma característico.

O ser humano herda duas cópias completas do genoma — uma da mãe e uma do pai. Em muitos casos, as cópias materna e paterna são ligeiramente diferentes: uma codifica olhos azuis, por exemplo, e a outra castanhos; uma pode especificar o grupo sangüíneo O, enquanto a outra especifica o grupo A. Por motivos ainda não inteiramente esclarecidos, algumas variantes de um gene parecem predominar sobre outras. Assim, uma criança com herança mista para a cor dos olhos acaba em geral por ter olhos castanhos, embora ainda carregue o gene "azul" e seja capaz de transmiti-lo à geração seguinte. O fato de todas as pessoas terem duas cópias do genoma humano nas células do seu corpo e de as duas cópias não serem idênticas entre si é, em última análise, a base genética da semelhança familiar. Essa é uma das razões por que os filhos se parecem com ambos os pais, mas não são idênticos a nenhum deles.

Assim, para compreender por que a menina de Bethesda não podia fabricar ADA, é preciso considerar seus pais. A mãe dela, sem o saber, havia herdado uma variante defeituosa do gene da ADA de um dos seus próprios pais. Isso não teve conseqüências no tocante à saúde da mãe, pois essa deficiência foi compensada pela outra cópia do gene que ela herdara e que era normal. O pai da menina também havia herdado uma variante defeituosa e uma normal do gene, tendo gozado de perfeita saúde e permanecido na ignorância dessa falha em sua herança genética. Quando a menina herdou uma cópia do gene da ADA da mãe e uma do pai, poderia ter recebido o gene normal de cada um deles, ou a cópia normal de um e a cópia defeituosa do outro. Por azar, porém, ela herdou variantes defeituosas do gene da ADA tanto da mãe quanto do pai e, sem as instruções corretas, seu corpo não podia fabricar essa proteína essencial. O defeito envolve um único tipo de proteína e um único tipo de gene. A deficiência de ADA é um dos mais de 4 mil diferentes "distúrbios de um único gene" já identificados como afligindo o ser humano.

São muitas as doenças que, como a deficiência de ADA, não se manifestam a menos que a pessoa tenha herdado variantes defeituosas de determinado gene de ambos os pais. As doenças genéticas mais comuns no mundo são desse tipo: a fibrose cística, a anemia falciforme e o grupo relacionado de distúrbios do sangue conhecidos como talassemias. São conhecidas como doenças "recessivas" porque a presença de uma única cópia defeituosa de um gene no genoma de uma pessoa não se manifesta na forma de doença.

Um segundo grupo de doenças genéticas exibe padrões diferentes de incidência em homens e mulheres, tendo elas por isso a denominação de "ligadas ao sexo". As mulheres são portadoras assintomáticas e as doenças propriamente ditas se manifestam nos homens. A esse grupo pertencem doenças como a hemofilia e a distrofia muscular Duchenne, que debilita os músculos. Em função do modo como o sexo é determinado geneticamente (ver Capítulo 3), há alguns genes para os quais os homens têm uma única cópia, enquanto as mulheres têm as duas usuais. Quando um desses genes é defeituoso, ele não se manifesta na mulher porque seus efeitos são mascarados pela outra cópia, intacta, mas vai gerar doença num filho que herde a variante defeituosa, mesmo que esta seja recessiva.

Uma terceira categoria de defeitos monogênicos abrange doenças "dominantes" raras, em que a herança mesmo de uma única cópia defeituosa de determinado gene é suficiente para causar a doença: exemplos disso são a coréia de Huntington, doença neurológica fatal, e alguns casos, muito raros, de início precoce do mal de Alzheimer.

Nem todas as enfermidades herdadas resultam necessariamente de uma falha num único gene; vários genes podem atuar em conjunto para causar uma doença. Algumas pessoas, por exemplo, parecem ter predisposição a doenças cardíacas — podem estar em boa forma, fazer enorme quantidade de exercícios e ainda assim sucumbir a uma doença coronariana em idade notavelmente precoce, tal como vários de seus parentes próximos. Essa predisposição à doença cardíaca é um exemplo de condição poligênica. Como o estudo de casos como esse é naturalmente mais difícil que o de distúrbios de um único gene, a maior parte das pesquisas focalizou de início estes últimos, na esperança não apenas de aliviar essas doenças como também de usar o conhecimento assim adquirido no enfrentamento das doenças poligênicas, mais complexas.

A deficiência de ADA pode ser atacada através de transplantes de medula óssea, já que é esta que produz as células mais afetadas — os linfócitos. Mas os transplantes só são possíveis quando o doente tem, para servir de doador, um irmão compatível que não sofra a doença. As células normais de medula óssea doadas contêm as instruções corretas para a fabricação da ADA e, uma vez transplantadas para a medula óssea do paciente, começam a fabricar a proteína requerida. É possível também ministrar aos pacientes a própria ADA, mas as injeções da proteína não a conduzem imediatamente ao lugar certo e nas concentrações certas; são um fraco substituto para os mecanismos sutis que controlam e dirigem a produção de ADA em circunstâncias normais, e os efeitos benéficos desse tipo de tratamento tendem a desaparecer depois de cerca de um ano.

Assim foi que, no outono de 1990, Blaese e seus colegas realizaram um feito nunca antes logrado na medicina humana: reescreveram com sucesso a receita genética defeituosa para a proteína ADA nas células do corpo da menina.

As instruções genéticas estão escritas quimicamente na composição do ADN, o mensageiro molecular da herança. Nas células humanas, os genes são mantidos fechados no centro, ou núcleo, de cada célula, e é a essa localização que o ADN (ácido desoxirribonucléico) deve seu nome de "ácido nucléico". O ADN e as proteínas são as duas mais importantes moléculas da vida, e há uma simetria entre o ADN, em que estão escritas as instruções genéticas, e os produtos genéticos, as proteínas, que são produzidas quando as células manifestam ou expressam os genes. De maneira grosseira e breve, poderíamos dizer que há uma relação um a um: um gene, uma proteína. A proteína ADA foi criada para a menina por meio de uma alteração de seu ADN, de modo a lhe proporcionar um gene adicional e intacto da ADA.

O ADN é um filamento transparente, invisível de tão fino, e nenhum bisturi seria suficientemente afiado, a mão de nenhum cirurgião suficientemente firme para cortá-lo precisamente no lugar certo, amputar um fragmento estragado e nele costurar um gene substituto. No entanto a costura de genes é banal nos laboratórios biológicos já há duas décadas. Foi realizada primeiro em bactérias, depois em leveduras, depois em plantas e animais, até que, em 1990, a técnica foi considerada suficientemente segura para ser usada em seres humanos. O longo caminho até esse domínio técnico da molécula da herança — que começou com o estudo de organismos que parecem extremamente distantes do ser humano, mas acabou por levar à menininha deitada num leito de hospital em Bethesda — será descrita nos dois próximos capítulos.

Para corrigir a deficiência de ADA, os terapeutas genéticos dos NIH começaram por recolher glóbulos brancos do sangue, conhecidos como linfócitos T (células T), da menina. Essas células participam da reação do sistema imune à infecção. Como não é possível inserir um gene diretamente numa célula T, a equipe médica começou por inserir uma cópia normal do gene da ADA num vírus especial, para em seguida usar o vírus alterado por engenharia genética para infectar as células T extraídas da menina e cultivadas em laboratório.

Embora possa parecer paradoxal tratar um distúrbio do sistema imune de alguém mediante a criação deliberada de uma infecção viral, o uso de vírus para transferir ADN desse modo é uma técnica bem estabelecida e o processo funcionou. Antes que o gene normal da ADA fosse inserido nele, o próprio vírus tinha sido geneticamente modificado de modo a se assegurar sua inocuidade. O vírus geneticamente alterado fez seu trabalho e inseriu o gene correto da ADA nas células sem causar nenhum outro dano. As células geneticamente modificadas foram cultivadas em laboratório, tendo podido dividir-se para gerar um grande número. As células com o gene corrigido foram então transfusionadas de volta no corpo da menina. Foi algo notavelmente parecido com uma simples transfusão de sangue: durou cerca de 30 minutos e durante esse tempo a menina permaneceu sentada, inteiramente acordada, tagarelando com os médicos e os pais. Segundo o primeiro relato da operação, as células transfusionadas permaneceram ativas até 40 dias depois da transfusão. Mais importante ainda, as células corrigidas começaram a produzir a ADA que anteriormente faltava.

Embora essa operação tenha sido uma obra-prima da moderna tecnologia médica, não se sabe se produzirá uma cura permanente. A despeito de todo o talento dos cirurgiões genéticos, ainda há problemas, e o sistema imune da menina não recobrou um funcionamento perfeito. As células T transplantadas não são imortais: acabarão por ser destruídas e substituídas por novas — deficientes em ADA — que estão sendo continuamente fabricadas pelas células "tronco" em sua medula óssea. Esse transplante de genes assemelhou-se mais, portanto, a uma forma extremamente sofisticada de se ministrar uma droga — a proteína ADA — no lugar certo, no momento certo e na quantidade aproximadamente certa. O defeito genético presente no corpo da menina não pode ser retificado em bases permanentes, a menos que as células geneticamente corrigidas e transplantadas consigam expulsar e substituir por completo a medula óssea defeituosa.

Quando esse experimento se iniciou, ninguém imaginava que esse último resultado fosse possível, e portanto se esperava que os afetados pela doença tivessem que se submeter, durante toda a vida, a transfusões periódicas de suas próprias células T geneticamente corrigidas. A menina até hoje tem de receber injeções semanais de ADA diretamente e sofrer infusões das células geneticamente corrigidas a intervalos de três a cinco meses. As células-tronco da medula óssea são de fato imortais, e a única maneira de promover uma cura permanente seria reprogramar essas células com a receita correta da ADA. Em setembro de 1990 não parecia haver nenhuma forma de fazer isso, mas posteriormente outros pesquisadores desenvolveram técnicas extremamente sofisticadas para identificar e isolar células-tronco. Os cirurgiões genéticos estão desenvolvendo métodos para tirar proveito dessas novas técnicas e tentando obter autorização para aplicá-las no tratamento de doenças genéticas humanas.

Em janeiro de 1991, Rosenberg e French Anderson fizeram um segundo transplante de ADA numa menina de nove anos e, um ano depois, aplicaram um processo de terapia genética similar ao tratamento do câncer. Antes de começar a tratar a primeira menina, em 1990, a equipe de pesquisadores havia transplantado genes para voluntários, não na tentativa de curar doenças, mas como parte de um longo e detalhado programa para assegurar que as técnicas eram seguras e não produziam efeitos colaterais indesejáveis. As atuais técnicas de transplante de genes não podem assegurar que o gene será inserido precisamente no lugar correto do ADN do paciente; há uma possibilidade de que seja inserido de tal modo que interrompa o funcionamento de um gene essencial, ou mesmo que ponha em ação, inadvertidamente, genes latentes causadores de câncer. No entanto, como só se cogita atualmente da terapia genética no caso de pessoas com doenças tão graves que já enfrentam a perspectiva da morte iminente, o risco teórico de contrair câncer em data futura não-especificada não tende a ser considerado um impedimento à aceitação do tratamento.

As questões éticas suscitadas pelo transplante genético feito na menina foram exaustivamente examinadas, com a conclusão de que não havia diferença moral entre um transplante de genes como esse e o transplante de tecidos ou órgãos, como rins ou córneas, que a sociedade há muito tempo aceitou. Isso porque os genes transplantados haviam sido inseridos somente em células "somáticas", ou do corpo, e assim afetavam unicamente a própria menina: suas células "germinais", aquelas que dão origem a seus óvulos e, portanto, a qualquer filho que ela possa ter, não teriam sido afetadas pela operação, de modo que a constituição genética de gerações futuras não estaria comprometida. Ainda assim, o Dr. Blaese e seus colegas tiveram o cuidado de proceder a consultas tão amplas quanto possível com respeito à correção do que pretendiam fazer, e de obter para esses procedimentos a aprovação de comissões de ética dos NIH. De fato, o tratamento da menina em setembro de 1990 não foi a primeira tentativa de curar um defeito hereditário por terapia genética em seres humanos: ela fora realizada quase uma década antes, por Martin Cline, da Universidade da Califórnia em Los Angeles. O professor Cline, porém, agira antes de obter das autoridades todas as autorizações necessárias para seu trabalho. Aconteceu que seus transplantes de genes, se não prejudicaram os pacientes, tampouco os beneficiaram. Como ele havia ampliado ligeiramente seus procedimentos experimentais sem procurar aprovação para esse desenvolvimento adicional, sua pesquisa deixou de receber verbas do tesouro dos Estados Unidos. Essas questões serão discutidas em capítulos posteriores.

A capacidade de reescrever as instruções genéticas contidas num ser humano é a culminação de desenvolvimentos da biologia molecular que remontam ao fim da década de 30. A primeira aplicação dessa nova ciência a seres humanos ocorreu logo após a Segunda Guerra Mundial, quando, em 1949, pesquisadores americanos demonstraram que as pessoas que sofriam da incapacitante anemia falciforme possuíam nos seus glóbulos vermelhos uma forma anormal da proteína hemogloblina. Foi essa a primeira doença "molecular" humana a ser reconhecida como tal.

Até o final dos anos 70, as proteínas humanas constituíram objetos de estudo mais acessíveis e manejáveis que o ADN, e qualquer pesquisa sobre a estrutura molecular dos próprios genes tinha geralmente de ser feita através do exame de genes de bactérias, vírus ou outros organismos simples, como as leveduras. Por essa razão, a biologia molecular humana procedeu durante grande parte do período do pós-guerra por meio da análise de proteínas: estudavam-se os produtos do gene e não os genes propriamente ditos. Uma terapia genética pioneira como a realizada nos NIH não teria podido sequer ser objeto de cogitação caso os pesquisadores não tivessem, ao longo de anos de árduo trabalho, identificado a ADA como uma enzima vital para o funcionamento do sistema imune e reconhecido que sua ausência era a causa original de alguns casos de SCID. A partir da composição química da ADA, os pesquisadores foram capazes de prever bastante bem a aparência que devia ter o gene portador das instruções para a fabricação dessa proteína. Depois, técnicas que se tornaram disponíveis nos anos 70 tornaram possível identificar e observar diretamente o gene da ADA — o que permitiu a Blaese e seus colegas chegar finalmente a introduzir nos glóbulos brancos do sangue da menina versões do gene corrigidas por engenharia genética.

Desde o ínicio da década de 80, contudo, os geneticistas têm tido a possibilidade de trabalhar na direção oposta. Hoje eles são capazes, por vezes, de localizar um defeito genético humano e então inferir, com base exclusivamente na informação genética, que proteína do corpo deve estar afetada. Os pesquisadores descobriram que estavam de posse de um novo instrumental de diagnóstico muito poderoso para enfrentar o problema da doença genética humana. À medida que as novas técnicas para a análise direta do ADN foram revelando as causas subjacentes de várias doenças importantes, os cientistas perceberam que, pela primeira vez, tinham em mãos um jogo de ferramentas tão poderoso que podiam pensar em analisar todos os genes humanos, não apenas os envolvidos em doenças.

O primeiro triunfo dessa "genética reversa" ocorreu em 1986, quando Tony Monaco, do Hospital para Crianças de Boston, e Louis Kunkel, de Harvard, identificaram o defeito genético responsável pela distrofia muscular Duchenne (DMD). Essa doença debilitadora dos músculos é um dos distúrbios genéticos ligados ao sexo e por isso afeta quase exclusivamente meninos, atingindo uma em cerca de 3.500 crianças do sexo masculino que nascem. Os bebês parecem normais durante os primeiros anos de vida, mas entre os três e sete anos a doença debilitante se instala e os meninos passam a exibir um estranho andar gingado. Por volta dos dez ou 12 anos, o progressivo enfraquecimento dos músculos prende os meninos a uma cadeira de rodas e muitas das vítimas morrem aos vinte e poucos anos. Estava claro para os pesquisadores médicos que essas deficiências tinham origem na incapacidade de fabricar uma proteína necessária ao funcionamento normal dos músculos. Mas milhares de proteínas estão presentes nos músculos normais, e os bioquímicos não tinham obtido êxito na tentativa de identicar a que faltava nos meninos com DMD.

Entretanto, em 1981, Kay Davies e J. M. Murray, da Escola de Medicina do Hospital St. Mary, em Londres, começaram a procurar não proteínas, mas marcadores genéticos: fragmentos característicos e reconhecíveis do ADN de portadores da doença que pudessem ser associados com a DMD. O sucesso de seu trabalho desencadeou esforços internacionais para definir a localização exata desse distúrbio genético dentro do ADN humano. Esses esforços deram fruto cinco anos depois, quando Kunkel e Monaco localizaram o gene que, quando defeituoso, dá origem à DMD. A partir da especificação genética, identificaram uma proteína até então desconhecida, a que chamaram de distrofina. Foi essa a primeira vez que uma proteína envolvida numa doença foi identificada a partir da análise de seu gene.

Estima-se que a distrofina corresponda a cerca de 20 partes por milhão (0,002%) do conteúdo protéico de uma célula muscular, o que explica por que ninguém a havia correlacionado com a distrofia muscular. Os atingidos pela DMD parecem não possuir nenhuma distrofina em seus músculos, mas há uma forma mais branda da doença, chamada distrofia muscular de Becker, cujos portadores parecem possuir a proteína sob uma forma defeituosa. Agora que os cientistas identificaram a proteína responsável pela DMD, há pelo menos a possibilidade de que se venha a encontrar um meio de suprir a falta — por um tratamento análogo ao aplicado à menina de Bethesda para corrigir a deficiência de ADA —, evitando assim o sofrimento e a morte precoce decorrentes da DMD.

Três anos depois do isolamento do gene da distrofia muscular, a genética reversa registrou mais um êxito, dessa vez com relação ao defeito monogênico mais comum entre os europeus do Norte: a fibrose cística (FC). Algo entre um em 20 e um em 25 de todos os brancos é portador do gene defeituoso da fibrose cística, herdado da mãe ou do pai. Mas, como no caso dos pais da menina com deficiência de ADA, a saúde dos portadores de uma única cópia defeituosa do gene não é afetada, e eles não terão nenhum indício de que só possuem uma cópia correta deste. Os problemas só aparecem quando um homem e uma mulher possuidores ambos de uma cópia defeituosa se casam e têm filhos. (As chances de tal casamento são de cerca de [1 em 25] x [1 em 25], isto é, um em 625). Como a FC é uma doença genética recessiva (como a ADA), há uma chance em quatro (para cada filho) de que um filho gerado por dois portadores de FC receba um gene defeituoso tanto da mãe quanto do pai e sofra a doença. A incidência de FC é de aproximadamente um em 2.500 nascimentos — mais ou menos o que seria esperado de uma em quatro chances para um em 625 casamentos.

Sendo a FC o defeito monogênico mais comum a afligir os brancos, seus sintomas são relativamente bem conhecidos. Os pulmões das crianças afetadas ficam obstruídos por um muco espesso e viscoso, que tem de ser expelido por meio de fisioterapia intensiva e regular. O pâncreas, que produz enzimas essenciais à digestão de alimentos pelo estômago, é também afetado, e muitos pacientes sofrem desordens digestivas causadas pela incapacidade de seus corpos de absorver gorduras e proteínas. Um bebê que nasce com FC pode parecer normal a princípio, mas posteriormente os sintomas começam a se manifestar: tosse persistente, respiração difícil, acessos de pneumonia, pouco ganho de peso e fezes volumosas e fétidas. Os doentes produzem também suor anormal, sendo que atualmente o exame do suor dos bebês com suspeita de ter a doença constitui um teste diagnóstico padrão. Outrora ocorria passarem-se anos inteiros antes que se fizesse um diagnóstico definitivo, pois alguns dos sintomas podiam resultar de enfermidades comuns da infância. Nesse ínterim, outras crianças com FC podiam já ter nascido na mesma família. O muco nos pulmões atua como terreno ideal para a proliferação de bactérias, de modo que os doentes estão sujeitos a infecções recorrentes. Antes do advento dos antibióticos, essas infecções eram freqüentemente fatais na infância; mesmo com as vantagens da moderna medicina intensiva, a expectativa média de vida para os que sofrem da FC é de cerca de 27 anos, embora um bebê que nasça hoje com a doença possa esperar sobreviver até cerca de 40 anos.

Até o final dos anos 80, não havia meio de identificar os pais com risco de produzir uma progênie com FC. Muitas pessoas permaneciam na ignorância de que corriam o risco de transmitir a doença até que um de seus filhos nascesse com ela. E a loteria genética ignora considerações humanitárias: porque um casal teve um filho afetado pela FC, disso não se segue que o próximo estará livre dela. Uma mesma família pode ter sucessivamente dois filhos afetados enquanto outro casal, igualmente formado por dois portadores do gene defeituoso, pode não ter nenhum. Uma das prioridades urgentes na pesquisa da FC era desenvolver um teste pré-natal, de tal modo que um casal que já tivesse um filho com FC pudesse certificar-se de que uma segunda gestação não lhe traria outra criança com a doença.

Ao contrário do que se deu no caso da deficiência de ADA, anos de pesquisa foram incapazes de descobrir a proteína única cuja deficiência era responsável pela FC. Diante disso, os pesquisadores voltaram-se para a busca da assinatura da doença dentro do próprio ADN. Começaram a procurar marcadores genéticos que estivessem presentes no ADN de crianças afetadas pela doença e ausentes do ADN das que nem sofriam de FC, nem eram portadoras de uma cópia defeituosa do gene.

O trabalho se estendeu por mais de uma década e envolveu equipes da Europa e América do Norte. Como em toda investigação, havia não só o entusiasmo pela busca, mas também a frustração de constatar por vezes que caminhos que pareciam extremamente promissores eram becos sem saída. A busca do gene transformou-se numa frenética corrida transatlântica entre pesquisadores da Escola de Medicina do Hospital St. Mary, em Londres, dirigidos pelo professor Bob Williamson, um grupo da Universidade de Utah, dirigido por Ray White, e uma equipe mista Estados Unidos-Canadá, liderada pelo Dr. Francis Collins, da Universidade de Michigan, e pelo Dr. Lap-Chee Tsui, de Toronto. Estava também envolvida uma empresa comercial americana, a Collaborative Research, que pretendia obter lucros com o trabalho sobre o genoma humano.

Em 1984 todos os três grupos já haviam localizado a posição aproximada do gene. Nesse processo, haviam detectado padrões característicos do ADN das famílias que eram sabidamente portadoras da mutação FC. A partir disso, já lhes foi possível oferecer um diagnóstico genético para fetos em gestação, verificando se apresentavam a mutação nos genes tanto materno quanto paterno, caso em que estariam fadados a apresentar a doença. Para isso, porém, era preciso isolar o padrão de indivíduos sabidamente portadores da variante FC: sem o próprio gene, não havia meio de realizar um diagnóstico como esse em famílias que ainda não tivessem apresentado um caso de FC. Foi então que, em abril de 1987, o professor Williamson anunciou que descobrira marcadores genéticos que, segundo acreditava, indicavam a localização exata do gene. Infelizmente era uma pista falsa. A essa altura, Ray White abandonara a corrida e a pesquisa ainda prosseguiu por mais dois anos até que, em 1989, o grupo formado por americanos e canadenses anunciou a vitória. Isolou-se o gene e começaram-se a decifrar as instruções que continha.

O gene relacionado com a FC contém as especificações para uma proteína que faz parte da membrana externa das células. Acredita-se que essa proteína tenha várias funções, das quais pelo menos uma está envolvida no controle da taxa a que íons de cloreto fluem para dentro e para fora das células. Defeitos na proteína perturbam o fluxo normal, dando origem tanto ao muco nos pulmões como ao suor excessivamente salgado produzido pelos que sofrem de FC. A exata localização do gene foi um triunfo da genética reversa; eram poucas as possibilidades de identificar a proteína afetada de qualquer outra maneira, pois ela faz parte do complexo conjunto de proteínas e outras moléculas que formam as membranas celulares. Mas, uma vez identificado o gene, os pesquisadores, usando seu conhecimento do código genético (ver adiante neste capítulo), puderam ler toda a composição da proteína e avaliar o efeito que a falha genética poderia estar exercendo sobre ela.

O êxito das caçadas aos genes da DMD e da FC é uma assombrosa demonstração do poder da genética molecular dos nossos dias, que vem sendo tranqüilamente desenvolvida em laboratórios e centros de pesquisa do mundo todo. É um indício da imensa colheita que se pode esperar dessa disciplina.

Mais de 150 diferentes lesões genéticas já foram identificadas em doentes de FC. Em muitos casos, as conseqüências são as mesmas: a proteína da membrana celular é insuficiente e incapaz de realizar sua tarefa corretamente, o que leva aos sintomas declarados. Algumas mutações, contudo, levam a formas mais brandas da doença. Em razão dessa variedade de mutações no gene (a mais comum delas está presente em cerca de 78% dos casos na Grã-Bretanha), a testagem genética direta da população em geral deixaria de detectar alguns portadores do gene defeituoso da FC, podendo assim não identificar casais sem registro da doença em sua história familiar prévia, mas com risco de ter um filho com a doença.

Embora o gene da FC tenha sido descoberto por cientistas americanos, os primeiros passos na tentativa de testar a população para detectar portadores da mutação FC foram dados na Grã-Bretanha — os Estados Unidos ficaram consideravelmente para trás na aplicação clínica dessa nova descoberta. A testagem de pessoas em busca de possíveis defeitos genéticos é questão controvertida e espinhosa. Todos nós somos portadores de defeitos genéticos potencialmente letais: segundo uma estimativa, dos cerca de 4 mil defeitos monogênicos conhecidos, todo indivíduo carrega provavelmente, em sua constituição genética, cerca de quatro ou cinco mutações que poderiam transmitir-se a seus filhos na forma de um defeito fatal caso, por azar, seu parceiro fosse portador do mesmo defeito. A questão da testagem em massa e do que deve ser feito depois com a informação recolhida será tratada no Capítulo 6.

A possibilidade de analisar genes diretamente marca o início de um dos mais empolgantes desenvolvimentos da ciência moderna — o que o editor da revista *American Journal of Human Genetics* chamou em 1980 de "a nova genética". Essas novas técnicas trouxeram a esperança de mitigar o sofrimento causado pela doença genética. Seu evidente poder reforçou o ímpeto científico subjacente ao grande desafio de localizar mutações relacionadas com doenças, dando lugar à tentativa de identificar e decifrar todos os genes do ADN humano: o Projeto Genoma Humano. James Watson, co-descobridor da hélice dupla do ADN, formulou a justificativa do empreendimento num discurso feito em novembro de 1990: "Com o passar dos anos, passei a ver o ADN como o fio comum que atravessa todos nós neste planeta Terra. O Projeto Genoma Humano não está voltado para um gene ou outro, ou para uma doença ou outra. Volta-se para o fio que nos liga a todos."

**O ADN é o fio que liga não apenas a humanidade, mas todos os organismos vivos. Por isso, durante muitos anos, os pesquisadores escolheram organismos mais simples que o ser humano para o estudo do ADN e de seu funcionamento, confiando em que, por mais distantes que seus estudos pudessem aparentemente estar da condi-**

ção humana, sua pesquisa iria iluminar um dia a genética humana, pois a estrutura geral da molécula da herança é comum a todo o mundo vivo. Só em meados da década de 40, porém, é que o ADN foi identificado como o portador da herança. Antes disso, os cientistas estavam convencidos de que eram as proteínas, e não o ADN, que transportavam a informação genética. Sabia-se que as proteínas eram moléculas complexas e biologicamente importantes e, ao mesmo tempo, pensava-se que o ADN era uma molécula não só curta como quimicamente simples. Os biólogos sabiam também que a atividade biológica das proteínas derivava de sua forma tridimensional. Eram naturalmente levados a supor que a informação necessária para codificar os genes estava de algum modo esculpida na forma de moléculas protéicas especiais, capazes de atuar como se fossem moldes para sua própria replicação. Era como se a informação hereditária fosse como um jogo de armar, em que a forma da peça determina onde ela se encaixa, numa situação em que só a forma importa e não há análogo para a informação contida na figura que o jogo completo representa.

Ambas as suposições — que os genes eram transportados por proteínas e que o conteúdo de informação era transmitido pela forma geométrica — revelaram-se graves erros. Em 1944 o microbiologista americano Oswald Avery e seus colegas Colin MacLeod e Maclyn McCarty, trabalhando no Instituto Rockefeller, em Nova York, mostraram que a mensagem da herança era transportada por ácidos nucléicos e não por proteína. Foi uma descoberta quase tão espetacular, embora muito menos difundida, quanto a de Watson e Crick. Watson é um dos autores de um manual padrão sobre o assunto, *Molecular Biology of the Gene*, que qualifica a descoberta simplesmente como "a bomba de Avery". Ao longo dos anos seguintes, acumularam-se mais indícios que apontavam na direção do ADN como a molécula da herança. Depois da Segunda Guerra Mundial, o advento do microscópio eletrônico também mostrou diretamente que o ADN era uma molécula fina e muito longa (embora nem mesmo um microscópio eletrônico fosse potente o bastante para mostrar diretamente a hélice dupla). Em 1952 Alfred Hershey e Martha Chase, do Laboratório de Cold Spring Harbor, em Long Island, Nova York, confirmaram o resultado antes obtido por Avery. O passo seguinte era, obviamente, descobrir de que modo o ADN transmitia informação genética, e a chave para isso seria desvendar sua estrutura detalhada.

Já se contou muitas vezes a história de como o jovem e atrevido microbiologista americano James Watson e o bacharel em física Francis Crick descobriram, em 1953, que o ADN tem uma estrutura helicoidal dupla. Não a repetiremos aqui, exceto para enfatizar a extrema importância da descoberta. Watson tinha na época apenas 22 anos; Crick, o mais velho, cujos estudos haviam sido interrompidos pela guerra, ainda não completara o doutorado. Juntamente com Maurice Wilkins, que estivera trabalhando com esse problema no King's College, em Londres, eles dividiram o Prêmio Nobel de 1962 por algo que outros ganhadores do prêmio qualificaram, sob várias formas, de a maior descoberta científica do século XX e uma das maiores jamais feitas.

No entanto, embora a hélice dupla do ADN se tenha tornado quase um ícone de nosso tempo, a forma não era em si mesma o aspecto mais importante da descoberta. Os dois filamentos serpenteantes que constituem a espinha dorsal da hélice dupla são bastante uniformes e regulares em sua composição química. Do ponto de vista da genética, a parte mais interessante do ADN não são as espirais em si mesmas, mas os laços cruzados que mantêm juntos os dois filamentos. Esses laços se enroscam no interior da hélice dupla, como os degraus de uma escada em espiral. São formados de quatro substâncias químicas diferentes — as bases adenina (A), guanina (G), citosina (C) e timina (T). A, G, C e T são o alfabeto genético, e é a seqüência dessas letras, e não a forma da molécula, que importa na determinação de nossa herança genética: no final, o que contava era a figura contida no jogo de armar.

Cada base está emparelhada a uma outra no filamento oposto da hélice dupla. A questão crucial, no cerne da descoberta original de Watson e Crick, é que o modo como as bases se emparelham para fazer os degraus da escada em espiral é estabelecido quimicamente. Se um filamento da hélice dupla tem a base A, o outro terá T no lugar correspondente, de tal modo que as duas sempre se emparelham. Do mesmo modo, C emparelha-se sempre com G. As bases têm diferentes formas e se ligam umas às outras de maneiras diferentes, de tal modo que não se encaixariam em nenhuma outra combinação. Assim, seja qual for a seqüência de bases num filamento, o outro deve ter a seqüência complementar determinada pelas normas de emparelhamento. As ligações entre A e T e entre C e G são relativamente fracas, mas elas se acumulam aos milhões dentro da molécula de ADN e atuam como os dentes de um zíper: individualmente são fracas, mas quando estão todas emparelhadas ao mesmo tempo a ligação é de fato muito forte.

O emparelhamento de A com T e de C com G deu sentido a uma descoberta anterior na química do ADN. Em 1950, Erwin Chargaff havia analisado o ADN de diferentes organismos e mostrado que, fosse qual fosse a origem do ADN, a base A estava presente mais ou menos na mesma proporção que T; o mesmo ocorria para C e G, embora não houvesse nenhuma relação simples entre as quantidades de C e T ou de A e G. Foi com a ajuda das regras de Chargaff sobre as quantidades relativas das quatro bases que Watson e Crick deduziram a estrutura helicoidal dupla.

Tendo compreendido que o ADN consistia em uma seqüência de pares de bases que fazia ponte entre as duas espinhas dorsais da hélice, Watson e Crick tinham também a chave para compreender como mensagens genéticas podem ser transmitidas da célula do pai ou da mãe para sua progênie. As células se reproduzem simplesmente dividindo-se em duas. Depois que um óvulo é fertilizado por um espermatozóide no curso da reprodução sexual, o resultado é uma célula única, o ovo fertilizado, que tem seu próprio complemento singular de instruções genéticas — seu próprio genoma. O ovo começa então a crescer: a célula única começa por se dividir e formar duas células, cada uma das quais se divide para formar quatro, que por sua vez se dividem para formar oito, que se dividem para formar 16, que se dividem para formar 32, e assim por diante. O resultado final, num ser humano adulto, são cerca de 10 bilhões de células. A única exceção são as células sexuais — espermatozóides ou óvulos — que transmitirão instruções à geração seguinte. Cada uma dessas células contém uma cópia fiel e espantosamente exata do genoma que estava presente na primeiríssima célula: o ovo fertilizado. É no emparelhamento singularmente específico das bases entre um filamento e outro da hélice dupla, como Watson e Crick perceberam, que está a chave que torna possível uma reprodução tão fiel.

Cada célula, ao se preparar para se dividir, abre o zíper da hélice dupla do ADN e usa cada filamento como um molde que vai orientar a formação de um novo filamento complementar. Desse modo, a célula é capaz de fazer duas cópias de uma hélice dupla de ADN, cada uma delas contendo um filamento velho e um novo. Quando a célula se divide, uma cópia passa para cada uma de suas células filhas. A célula pode ter certeza de que as cópias são iguais ao original, pois ali onde o filamento original tinha A, a célula deve prover T; se no filamento complementar original havia um T no mesmo lugar, a célula deve prover um A. Os erros nessa forma de replicação do ADN são raros, porque, se a célula associasse inadvertidamente um G a um A, a nova hélice dupla não encaixaria adequadamente. Cada célula tem uma panóplia de mecanismos revisores para assegurar que os erros sejam detectados e sanados e, ademais, o processo real de replicação é muito mais complexo que o esquema aqui delineado.

Como Francis Crick observou em sua autobiografia, *What Mad Pursuit* [Que busca louca], o ADN "é de fato uma molécula extraordinária. O homem moderno tem talvez 50 mil anos de idade, a civilização não existe há mais de 10 mil anos e os Estados Unidos contam apenas 200 anos; o ADN, porém, está aí há pelo menos vários bilhões de anos. Durante todo esse tempo a hélice dupla está aí, ativa, e no entanto somos as primeiras criaturas na face da Terra a tomar consciência de sua existência." Há na estrutura do ADN uma elegância e uma simplicidade profundamente surpreendentes quando se considera a atordoante variedade da vida na Terra. No entanto as voltas da hélice dupla conferem uma unidade subjacente a toda a vida e as quatro letras do alfabeto genético são tudo de que a natureza precisa para soletrar não só os seres humanos, mas todas as coisas vivas.

Alguns vírus constituem uma exceção a esse esquema quase universal, pois seu código genético não está escrito em ADN, mas numa substância química muito próxima, chamada ARN (ácido ribonucléico). Entre os vírus a ARN estão alguns, como o vírus do mosaico do tabaco, que afeta plantas, mas essa classe inclui também agentes de doença humana, como a poliomielite, a gripe e a AIDS. Muitos pesquisadores, entre os quais se notabiliza Leslie Orgel, de origem britânica e atualmente trabalhando nos Estados Unidos, pensam que, antes que a atual variedade do mundo vivo se desenvolvesse, talvez tenha havido um sombrio "mundo do ARN", em que toda a vida fosse especificada por instruções escritas em ARN, em vez de ADN. Depois que a Terra se condensou, a partir do remoinho de poeira e gases que envolvia o Sol cerca de 4,6 bilhões de anos atrás, muitas das substâncias químicas essenciais à vida, como os açúcares e as bases, teriam podido congregar-se simplesmente pelo processo da química comum na superfície da Terra primitiva e sem vida. A vida teve início relativamente cedo: os paleobiólogos encontram indícios da presença de células fósseis em rochas com 3,5 bilhões de anos.

Infelizmente, a fossilização preserva apenas a estrutura externa das paredes celulares, não transmitindo nenhuma informação sobre a biologia molecular da célula; esses fósseis tampouco fornecem pistas sobre as formas de vida que precederam os primeiros microorganismos a terem paredes celulares rijas. Existem, porém, por assim dizer, "fósseis moleculares" preservados na estrutura do ADN e do ARN dos organismos vivos atuais, que podem fornecer alguma informação sobre o modo mais provável de início da vida. Até o princípio dos anos 80, o problema da origem da vida parecia insolúvel: no mundo atual, somente os ácidos nucléicos contêm informação genética, mas, para se replicarem, precisam da ajuda de proteínas que atuem como catalisadores. Que teria surgido primeiro, a proteína ou o ácido nucléico?

Foi então que, em 1981, se fez a descoberta de que, em certas circunstâncias, alguns tipos de ARN podiam atuar como enzimas. Isso levou à idéia de que a primeira molécula viva poderia ter sido um fragmento de ARN, gerado por um acidente químico, que teria catalisado sua própria replicação, sem a ajuda de uma proteína. Desde o achado inicial, descobriram-se muitos outros casos de ARN comportando-se como enzimas, mas o ADN, por apresentar uma ligeira diferença química, não exibe as mesmas propriedades.

Há outros argumentos relacionados com a estrutura e a função atuais das duas moléculas que reforçam a idéia de que um fragmento de ARN foi a primeira molécula capaz não somente de se replicar como de cometer erros nesse processo e, portanto, de se desenvolver. Finalmente, os ARNs teriam passado de toscos catalisadores e enzimas de si mesmos a fabricantes das mais eficientes proteínas. O próprio ARN não provê, porém, uma base tão adequada quanto o ADN para o desenvolvimento da complexidade: a molécula não tem a mesma estabilidade química do ADN e é vulnerável à decomposição espontânea. Em razão dessa instabilidade, nenhum organismo com a complexidade e a rapidez de crescimento de uma bactéria poderia desenvolver-se com um genoma de ARN. O mundo do ARN deve ter sido superado em cerca de 1 bilhão de anos, embora seja possível que alguns vírus de ARN sejam muito antigos. Portanto, com exceção de alguns poucos fósseis moleculares remanescentes daquele mundo vivo que precedeu o nosso, o ADN tem sido, nos três últimos bilhões de anos aproximadamente, a molécula da herança para todos os organismos vivos.

Embora a elucidação da estrutura do ADN tenha resolvido o enigma do modo como a informação hereditária se transmite através das gerações, de início ela lançou pouca luz sobre outro importante problema da biologia molecular: a forma como os genes são "expressos" para fabricar proteínas. Ao longo de toda a vida de um organismo, a maquinaria bioquímica de suas células lê a receita genética e converte as instruções codificadas na seqüência de As, Ts, Cs e Gs nas proteínas de que as células precisam para continuar existindo.

As proteínas são construídas a partir de subunidades-padrão conhecidas como aminoácidos. Embora apenas 20 diferentes aminoácidos ocorram naturalmente, eles são suficientes para dar origem à enorme diversidade das várias proteínas. A analogia com o alfabeto aflora novamente aqui: embora haja apenas 26 letras no alfabeto inglês, elas são suficientes para formar muitos milhares de palavras, que podem compor uma variedade quase ilimitada de sentenças dotadas de significado. As proteínas são como palavras formadas a partir das letras dos aminoácidos, e um ser humano representa um vocabulário maior que o de Shakespeare, pois consistimos em mais de 50 mil diferentes "palavras". Além disso, as proteínas estão livres da preferência por palavras curtas que limita as línguas humanas naturais: mesmo a capacidade do alemão de combinar palavras mais curtas em outras maiores é insignificante se comparada à linguagem das proteínas, algumas das quais contêm vários milhares de aminoácidos como "letras". Da distrofina à hemoglobina, da ADA à proteína FC da membrana celular, todas as proteínas se compõem do mesmo conjunto de 20 ingredientes.

A função do gene é especificar a ordem em que os diferentes aminoácidos são ligados uns aos outros numa cadeia de modo a construir uma proteína específica. Uma vez formada, a cadeia se dobra espontaneamente numa forma muito precisa — uma forma determinada pela ordem dos aminoácidos. Somente nessa configuração é que a proteína pode desempenhar suas funções no corpo. Há assim profunda correspondência entre a composição de um gene e a da proteína que ele codifica: os genes empregam a linguagem das bases; as proteínas, a dos aminoácidos; e as células vivas são capazes de traduzir uma na outra. Somente uma década e meia depois da descoberta da hélice dupla é que os cientistas conseguiram resolver por completo o problema do modo como a seqüência de bases do ADN é convertida numa seqüência de aminoácidos.

De início, persistiu o velho hábito de pensar que a forma da molécula continha a informação. Em 1954 o médico George Gamow propôs que os aminoácidos de algum modo se encaixavam diretamente nos "buracos" distribuídos pela hélice em lugares específicos determinados pela seqüência de bases e que, uma vez assim ordenados, os aminoácidos se agrupariam para formar a proteína acabada. Logo se verificou que isso era impossível. No ano seguinte Crick propôs que devia haver um intermediário entre a seqüência de bases ao longo do gene e a seqüência de aminoácidos ao longo da proteína por ele especificada: alguma espécie de moléculas "adaptadoras", que conduziriam o aminoácido apropriado ao lugar correto do filamento de ADN. A idéia de Crick foi o primeiro passo para a compreensão das complexidades da síntese das proteínas.

As células do corpo humano, em comum com as de quase todas as criaturas vivas, exceto as bactérias, guardam o ADN num compartimento interno chamado núcleo. Para produzir uma proteína, uma célula copia o gene relevante num intermediário químico, um mensageiro molecular feito de ARN. Fabrica um único filamento desse "ARN mensageiro", o qual contém uma seqüência de bases que espelha exatamente a seqüência de ADN do gene. O ARN transporta então sua mensagem para fora do núcleo, de tal modo que a maquinaria bioquímica da célula possa lê-la e começar a fabricar a proteína. Nesse ponto, entram em ação as moléculas "adaptadoras" de Crick: elas "lêem" a seqüência escrita no filamento de ARN mensageiro e encadeiam os aminoácidos apropriados de modo a formar uma corrente crescente, com os aminoácidos na ordem especificada pelo ARN mensageiro. Mas como se constrói a linguagem dos genes para fornecer a mensagem lida pelas moléculas adaptadoras?

rre que o código genético é expresso numa série de palavras de três letras, cada palavra ou "códon" correspondendo a um aminoácido. Não há vírgulas, espaços ou sinais de pontuação entre as palavras ao longo do filamento de ARN, exceto o ponto final que informa à maquinaria bioquímica da célula que ela chegou ao fim de um gene e que a cadeia de aminoácidos deve ser encerrada ali. Há considerável redundância no sistema: como as quatro letras A, C, T e G podem ser igualmente usadas num códon de três letras, há 64 diferentes códons (4 x 4 x 4). Mas os aminoácidos são apenas 20. Várias palavras, ou códons, diferentes podem referir-se ao mesmo aminoácido, e há três diferentes códons que servem de ponto final. O código genético que traduz códons em aminoácidos é (quase) universal. Essa universalidade é um indício muito forte de que toda a vida na Terra se desenvolveu a partir de uma única fonte: nas palavras do avô de Charles Darwin, Erasmus, somos todos descendentes de "um único filamento de vida".

Fica simples agora entender como erros de imprensa — mutações — entre as letras genéticas podem ter enormes conseqüências. Por exemplo, um dos defeitos monogênicos mais comuns no mundo, o responsável pela anemia falciforme, prevalente em milhares de crianças de origem africana, resulta de uma mudança numa única letra da seqüência de pares de bases que especifica a hemoglobina. A hemoglobina é feita de dois tipos de cadeias de aminoácidos, conhecidas como cadeias alfa e beta, cada uma das quais é especificada por seu próprio gene. Duas cadeias alfa e duas cadeias beta estão presentes em cada molécula de hemoglobina. No sexto códon do gene que especifica a cadeia beta, em vez da seqüência GTG, a variante da anemia falciforme especifica GAG. Isso é o suficiente para alterar o sentido de toda a mensagem — o ARN não tem meios de "saber" que há um erro na mensagem que ele transporta do núcleo da célula para a maquinaria de fabricação da proteína — e isso, por sua vez, altera a estrutura da molécula de hemoglobina que a maquinaria da célula produz. O códon GTG especifica que os fabricantes de proteína da célula devem pôr ácido glutâmico como aminoácido na sexta posição da cadeia beta, mas os portadores do códon mutado GAG terão em vez dele, nessa posição, o aminoácido valina. Isso confere propriedades diferentes à hemoglobina, a qual por sua vez altera a forma dos glóbulos vermelhos do sangue do portador, de tal modo que eles são prematuramente destruídos na circulação, dando origem à anemia. As células falciformes são menos flexíveis que as normais, com o resultado de que tendem a bloquear pequenos vasos sangüíneos, interrompendo o suprimento de sangue e causando grave lesão aos tecidos.

A solução do problema de como as células fabricam proteína dá imediatamente origem a outro enigma. Todas as células do corpo humano contêm uma cópia completa de todo o genoma humano, mas a maioria delas é extremamente especializada: as células não se dedicam todas a fabricar todas as proteínas especificadas no genoma. Por exemplo, glóbulos vermelhos imaturos (reticulócitos) fabricam hemoglobina numa taxa prodigiosa, ao passo que algumas células pancreáticas produzem uma proteína muito diferente, a insulina, e não "expressam" o gene para a hemoglobina em absoluto. Disso se segue que a maior parte do genoma humano fica na verdade "desligada" a maior parte do tempo. Esse processo de regulação genética é extremamente sutil: um feto em desenvolvimento, por exemplo, vai "ligar" genes para fabricar um tipo especial de hemoglobina, em razão de sua elevada demanda de transporte eficiente de oxigênio; mais tarde no seu desenvolvimento, desligará esses genes ao mesmo tempo em que ativará os que codificam a hemoglobina adulta. Sabe-se relativamente pouco sobre o modo como os genes são regulados. No contexto do Projeto Genoma Humano, é fácil esquecer a importância dessa questão, mas é claro que conhecer a especificação genética de todas as proteínas será menos que a metade da história. Será pelo menos igualmente importante compreender como a ação dos genes é orquestrada: em se tratando do corpo humano, a soma das partes é menor que o todo.

Ao longo de todo este capítulo, houve o pressuposto não-formulado de que o distúrbio genético é exclusivamente uma condição herdada. Mas isso não é necessariamente verdadeiro. Muitas das células do corpo de um adulto estão se dividindo para substituir as que ficaram doentes, danificadas ou simplesmente gastas, e em cada divisão o ADN é copiado. Nesse processo podem surgir erros, apesar dos mecanismos revisores que existem para evitá-los. O ADN de uma célula pode ainda ser danificado pela radiação ou por substâncias químicas presentes no meio ambiente. As instruções genéticas alteradas serão então transmitidas a todas as células descendentes daquela. Um fumante habitual expõe as células que forram seus pulmões a um coquetel de poderosas substâncias químicas que podem afetar o ADN; da mesma maneira, a pele de uma pessoa que se expõe a longos banhos de sol recebe doses elevadas de luz ultravioleta, que também danifica o ADN. Um dos efeitos desse dano "genético" a células do corpo pode ser o câncer. A taxa a que as células crescem e se dividem é determinada por um equilíbrio muito delicado entre os genes que promovem o crescimento e os que o inibem, e pode acontecer que, depois de algum evento prejudicial, a célula escape ao controle normal e comece a proliferar, convertendo-se finalmente num tumor.

Embora o distúrbio genético que dá origem ao câncer possa ocorrer no nível dos genes, o dano é geralmente sofrido na idade adulta. As células somáticas, ou do corpo, de um adulto estão bastante isoladas das células germinais — as que dão origem a espermatozóides ou óvulos. A lesão do ADN dentro de células somáticas, como as dos pulmões, fica confinada ao órgão em que as células estão situadas, não se transmitindo às células germinais, nem, portanto, a gerações subseqüentes. Um defeito como esse só poderia ser transmitido se, por algum infortúnio, um embrião sofresse um dano em período muito precoce de seu desenvolvimento, antes que as células sexuais se tivessem diferenciado das outras. Em um pequeno número de famílias humanas, há de fato casos em que uma forte predisposição a um tipo particular de câncer é transmitida de pais para filhos. Esses casos de dano genético hereditário podem por vezes servir de modelo para cânceres "esporádicos" do mesmo tipo, que são muito mais comuns, porque o dano hereditário do ADN parece ser o mesmo que ocorre nos casos de câncer resultantes de dano ambiental. Examinando as predisposições hereditárias ao câncer, os pesquisadores já encontraram pistas importantes quanto ao modo como surgem as formas mais comuns de câncer. A compreensão de que há danos genéticos subjacentes a muitos cânceres significa que as mais importantes aplicações da pesquisa em genética humana talvez não se relacionem com nenhuma doença hereditária, mas com o câncer. As doenças hereditárias são relativamente raras; o câncer, não. Enquanto a FC aflige uma em cerca de 2.500 pessoas na população, uma em quatro pessoas na Grã-Bretanha morrerão de câncer.

Outra diferença importante entre o dano genético que leva ao câncer e o que origina defeitos monogênicos como a FC é que o desenvolvimento de um câncer exige a ação de uma profusão de diferentes genes, e não a lesão de um único. Num caso bastante diverso do desses raros "cânceres herdados", algumas pessoas podem herdar uma predisposição mais sutil para o câncer: podem herdar dos pais cópias danificadas de alguns dos genes que integram a seqüência causadora de câncer, estando assim mais propensas a desenvolver a doença em decorrência de exposição ambiental do que as que herdaram versões intactas dos genes correspondentes. Estudos estatísticos de grandes populações não deixam dúvida de que fumar ou mascar fumo causa câncer, mas há muitas histórias de pessoas cuja vovozinha fumava dois maços de cigarro sem filtro por dia e viveu até os 95 anos. Atualmente é impossível prever se determinado fumante desenvolverá ou não um câncer de pulmão. Uma aplicação do novo conhecimento sobre o genoma humano poderá ser identificar na população os indivíduos que têm predisposição herdada para o câncer. A finalidade da testagem da população para detectar pessoas em risco não seria pronunciar sobre estas uma sentença de morte geneticamente predestinada. Eventos multigênicos, como o câncer, não são determinados unicamente pela herança que se tem, surgindo antes em decorrência da interação dos genes com o meio ambiente. A idéia seria dar a indivíduos em risco uma informação que lhes permitiria evitar ambientes perigosos — freqüentar um pub enfumaçado ou trabalhar na usina de reprocessamento nuclear de Sellafield —, evitando assim maiores danos genéticos. Mas, por atraente que esse panorama possa ser, esses diagnósticos precoces de risco têm seu aspecto negativo, que será examinado em capítulos posteriores.

A genética moderna já tem sido aplicada ao tratamento de casos instalados de câncer. Em outubro de 1991, um ano depois de realizar a primeira terapia genética bem-sucedida num caso de deficiência de ADA, Rosenberg e French Anderson deram início à primeira tentativa jamais feita de tratar pacientes de câncer com células geneticamente alteradas, cultivadas a partir de seus próprios tumores. Extraíram células de um homem de 46 anos que tinha um melanoma (um tipo de câncer de pele) já espalhado por todo o corpo e alteraram as células para produzir grandes quantidades de uma toxina chamada fator de necrose tumoral. A esperança deles é que isso torne o tumor mais suscetível a ataques do sistema imune do próprio paciente. Essa tentativa de terapia genética é muito menos direta que a empregada no caso de deficiência de ADA — seu objetivo é mais ambicioso que a mera provisão de uma substância química previamente deficiente. No momento em que escrevo, os resultados parecem ambíguos. Na verdade, Rosenberg foi alvo de algumas críticas no seio da comunidade médica dos Estados Unidos por não ter publicado de imediato informações suficientes, de modo a permitir uma plena avaliação da eficácia do procedimento.

# 3

# A Anatomia do Genoma Humano

Há mais ou menos 30 anos, o geneticista americano Victor McKusick vem compilando uma lista de todos os genes humanos sobre os quais se sabe alguma coisa, por pouco que seja. O professor McKusick tem dedicado sua vida profissional ao estudo das doenças humanas hereditárias, tendo fundado em 1957 um departamento de genética médica na Universidade Johns Hopkins, em Baltimore. Atualmente, numa aposentadoria extremamente ativa, ele é universalmente considerado o mais importante geneticista humano. Sua compilação de genes humanos forma um grosso volume, *Mendelian Inheritance in Man* [A herança mendeliana no homem], e talvez seja a única publicação existente a cujo respeito poderíamos ser tentados a dizer: "Toda a vida humana está ali." Tem pouco mais que 5 mil entradas, menos que 1/10 do número total de genes que participam da constituição de um ser humano. Ninguém sabe precisamente quantos genes humanos existem, mas as estimativas situam o número total entre 50 mil e 100 mil. Até a descoberta do ADN, os próprios genes só podiam ser estudados indiretamente, pelo rastreamento do modo como algum traço era hereditariamente transmitido ao longo das gerações. Essa genética clássica da transmissão fez poucos progressos com os seres humanos, pois o *Homo sapiens* tem vida muito longa e procria muito lentamente para ser um animal que facilite o estudo da hereditariedade. O fato de os geneticistas terem alguma informação sobre cerca de 5 mil genes é um admirável atestado do poder da pesquisa contemporânea.

De outra perspectiva, o catálogo de McKusick é uma triste crônica do sofrimento humano, pois grande parte de nosso conhecimento sobre os genes humanos vem do estudo de casos em que estes são defeituosos, dão origem a doenças e por isso se deixam identificar.

Nas palavras do próprio professor MacKusick, essa é a "anatomia mórbida" da genética humana. O genoma humano é tremendamente complexo e, ao examinarem qualquer sistema complexo, o que os cientistas fazem é tentar modificar componentes isolados sucessivamente para observar o efeito disso sobre o todo. Não se pode, porém, modificar a constituição genética de um ser humano simplesmente para ver quais serão os resultados, e por isso a compilação de informações sobre os genes humanos teve de se basear fundamentalmente na observação dos efeitos de alterações sofridas pelos genes no curso natural das coisas.

A descoberta da estrutura do ADN estipulou uma nova agenda para a genética. Afinal, os genes tinham uma corporificação molecular e química que, ao menos em princípio, podia ser diretamente dissecada. Em vez de rastrear a transmissão de características capazes de saltar gerações antes de se expressar, os geneticistas podiam alimentar a esperança de analisar a química do próprio ADN. Na descoberta de Watson e Crick já estava latente a meta final da biologia molecular moderna, seu Santo Graal: ler a seqüência das letras químicas do alfabeto genético — os Cs, As, Gs e Ts. E é natural que desejemos decifrar essa seqüência no caso daquele que, em nosso antropocentrismo, consideramos o mais interessante de todos os seres vivos: o homem. A agenda foi estabelecida quatro décadas atrás; o Projeto Genoma Humano pretende concluir a tarefa nos primeiros anos do século XXI.

O ADN presente nas células do corpo humano divide-se em 46 moléculas distintas, cada uma acondicionada num cromossomo. Um cromossomo contém provavelmente milhares de genes. Os cromossomos são grandes o suficiente para serem visíveis ao microscópio, desde que tenham sido corados para tanto. Os 46 cromossomos contidos nas células correspondem a 23 pares — sendo um membro de cada par herdado do pai do indivíduo e o outro da mãe.

A tarefa da genética moderna passou a ser a análise química dessas moléculas de ADN cromossômico. É como se os pesquisadores engajados no Projeto Genoma Humano estivessem perambulando por uma vasta biblioteca, em que os genes corresponderiam aos livros, tentando ler todas as palavras de todos os livros. Há alguns passos preliminares essenciais: quando se vai consultar um livro numa biblioteca, é util dispor de um catálogo. A estrutura básica da biblioteca do genoma humano é conhecida, pelo menos em linhas gerais: contém algo entre 50 mil e 100 mil livros, sendo que quase todos estão presentes em duas edições. A biblioteca divide-se em 46 compartimentos: destes, 23 contêm um conjunto de edições e os outros 23, a outra edição do mesmo conjunto de livros. Assim, um geneticista que deseje ler a seqüência de bases de determinado gene precisará saber onde o gene está localizado entre os 23 pares de cromossomos. O processo de montar um índice ou catálogo dos genes e relacioná-los com a sua real posição nos cromossomos é chamado de "mapeamento genético".

O mapeamento do ADN humano começou muito antes do Projeto Genoma Humano, mas o progresso era lento. Até uma data tão recente quanto 1956, ninguém sabia sequer qual era o número exato de cromossomos nas células do corpo humano. Durante décadas os pesquisadores tinham admitido que os seres humanos possuíam 48 cromossomos, e foi só em 1956 que Jo Hin Tjio e Albert Levan anunciaram que o verdadeiro número era 46. Métodos aperfeiçoados para tornar os cromossomos humanos visíveis ao microscópio, desenvolvidos por esses e outros pesquisadores em meados da década de 50, prestaram auxílios imediatos à compreensão dos distúrbios genéticos humanos. Em 1959 os citogeneticistas franceses Jérôme Lejeune e Marthe Gauthier mostraram pela primeira vez que os portadores da síndrome de Down tinham 47 cromossomos em vez do número normal de 46.

O trabalho de isolar e identificar os cromossomos humanos e de outros mamíferos era tão difícil que uma questão tão óbvia como a determinação do sexo só foi resolvida no final da década de 50. Havia muito que os citologistas (os que estudam as células) sabiam que os machos tinham um único cromossomo X e um cromossomo Y muito menor, ao passo que as fêmeas tinham dois cromossomos X. Estudos feitos na mosquinha da fruta, ou drosófila (*Drosophila*), indicaram erroneamente que era o número de cromossomos que determinava o sexo, induzindo os geneticistas a concluir que o sexo masculino era determinado pela posse de um único cromossomo X e o feminino, pela posse de dois. Essa idéia de que o sexo dependia da "dosagem" de determinado cromossomo é correta no caso das drosófilas, mas bastante equivocada no dos seres humanos.

Em 1959 o citologista britânico Dr. Charles Ford, que trabalhava na Unidade de Radiobiologia do Conselho de Pesquisas Médicas perto de Harwell, em Oxford, estudou os cromossomos de mulheres que sofriam da chamada síndrome de Turner. Mostrou que a enfermidade estava associada à posse de um único cromossomo X —

faltava àquelas mulheres um segundo X e elas tampouco tinham um cromossomo Y. De acordo com a teoria prevalecente, tais pessoas deviam ser do sexo masculino, já que tinham apenas um e não dois cromossomos X; na verdade, porém, todas as pessoas afetadas pela síndrome de Turner são do sexo feminino. Ao mesmo tempo, uma outra citogeneticista britânica, a Dra. Pat Jacobs, estava estudando homens que tinham dois cromossomos X e um Y. Uma vez que, pela hipótese da dosagem, os indivíduos que ela estava estudando deviam ser do sexo feminino, o fato óbvio de serem homens demonstrava que era a presença do cromossomo Y que determinava o sexo masculino. Essa constituição XXY, chamada síndrome de Klinefelter, é surpreendentemente comum: atinge cerca de um em 500 meninos (a incidência da síndrome de Down, que não é ligada ao sexo, é de cerca de uma em 650 crianças). Esses estudos pioneiros sobre anormalidades cromossômicas demonstraram que o cromossomo Y devia conter um gene (ou vários) cuja presença era necessária para que o indivíduo fosse do sexo masculino.

Mais de 30 anos se passaram, contudo, antes que os geneticistas identificassem o gene presente no cromossomo Y que atua como um "comutador" para informar ao embrião em desenvolvimento que ele deve desenvolver-se como macho, e em cuja ausência o embrião seguirá naturalmente a via de se tornar fêmea.

Foram estudados os raríssimos casos de homens XX e mulheres XY. As sofisticadas técnicas de análise do ADN disponíveis a partir do final dos anos 80 e início dos 90 mostraram que, nas mulheres XY, o cromossomo Y está partido ou teve partes obliteradas, sendo que esses fragmentos que faltam é que contêm o gene decisivo na determinação do sexo masculino. Verificou-se que os homens XX herdaram dos pais um cromossomo X acrescido de uma pequenina informação genética adicional — o gene determinante do sexo masculino — numa espécie de permutação com um cromossomo Y paterno durante a formação do espermatozóide do pai. Esse acidente que leva à permutação de material genético entre um cromossomo X e um Y durante a formação do espermatozóide é muito raro: menos de um em 20 mil homens tem uma constituição genética XX. Em maio de 1991, uma equipe mista formada pelos laboratórios do Fundo Imperial para a Pesquisa sobre o Câncer, sob a direção do Dr. Peter Goodfellow, e pelo Conselho de Pesquisas Médicas, sob a direção do Dr. Robin Lovell-Badge, publicou a prova definitiva de que se tinha de fato localizado o gene determinante do sexo. Havia-se conseguido alterar para masculino o sexo de três camundongos concebidos como fêmeas, injetando-se em ovos recém-fertilizados um fragmento de ADN que continha o gene determinante do sexo nos camundongos.

Como os homens normalmente têm apenas uma cópia do cromossomo X, quando algum defeito genético ocorre com freqüência muito maior em homens do que em mulheres, o mais provável é que o gene defeituoso esteja localizado no cromossomo X. Quando uma mulher herda uma cópia defeituosa de um gene ligado a X, é pouco provável que manifeste sintomas da doença, pois em geral terá uma cópia intacta em seu outro cromossomo X. Como os genes ativos no cromossomo Y são muito poucos, ele quase não figura em estudos sobre outras características transmissíveis, além do sexo masculino. Uma mulher pode herdar dois cromossomos X que tenham ambos uma cópia defeituosa do mesmo gene, mas a probabilidade de isso ocorrer é muitíssimo menor que a de um homem herdar um gene defeituoso em sua cópia única do cromossomo X.

Talvez o exemplo mais famoso de um traço ligado a X seja a hemofilia, que, ao que se diz, teria se introduzido nas famílias reais européias do século XIX através da rainha Vitória e de suas muitas filhas: o defeito pode ser transmitido através da linha feminina, mas as portadoras do sexo feminino são assintomáticas. Seus filhos é que manifestam a doença. O sangue dos afetados não é capaz de coagulação adequada, o que os expõe a sangrar abundantemente em razão do mais ligeiro corte; estão também sujeitos, o que é mais sério, a fortes hemorragias internas em decorrência de batidas que em outra pessoa só provocariam uma equimose.

O gene que, quando defeituoso, dá origem à hemofilia não foi, no entanto, o primeiro a ser atribuído ao cromossomo X. O processo foi iniciado por Johann Friedrich Horner, um professor de oftalmologia de Zurique, no mapeamento de um outro gene. Em 1876 ele montou uma árvore genealógica mostrando que o daltonismo é hereditário. Em 1911 o geneticista americano E. B. Wilson, que trabalhava na Universidade Columbia, atribuiu o gene do daltonismo ao cromossomo X. Wilson havia ampliado as observações de Horner e observado que o distúrbio era muito mais comum entre homens do que entre mulheres. Ele percebeu que alguns dos genes para a visão das cores deviam estar contidos no cromossomo X, já que o efeito da variante defeituosa se manifestava em homens. Assim, nos primeiros anos do século XX os geneticistas já haviam atribuído ao cromossomo X os genes ligados à visão das cores e a algumas proteínas do sangue. Nos 50 anos que se seguiram, porém, não se fez nenhum avanço em termos do mapeamento de genes nos demais cromossomos. Em 1968 cerca de 70 genes tinham sido atribuídos ao cromossomo X e a isso se resumia todo o trabalho de mapeamento de genes realizado até então.

Como o cromossomo Y, responsável pelo sexo masculino, é o menor de todos os cromossomos, é facil distingui-lo dos outros ao microscópio. Para encontrar meios seguros de identificar e distinguir os demais cromossomos entre si, foi preciso esperar por desenvolvimentos tecnológicos que só ocorreram no final da década de 60. Até então o único corante disponível para colorir cromossomos de maneira seletiva tornava-os visíveis ao microscópio na forma de pequenos bastões vermelhos, sem nenhuma estrutura interna discernível. Por exemplo, o cromossomo X e sete dos cromossomos não-sexuais (os autossomos de números 6 a 12, tal como agora identificados) parecem praticamente idênticos ao microscópio. Um primeiro passo foi dado em 1959, com a introdução da chamada classificação Denver, que tentou ordenar os cromossomos de acordo com seu comprimento e aparência geral, atribuindo-lhes números que refletiam grosseiramente uma ordem de tamanho decrescente; o cromossomo 1 é o mais longo e o cromossomo 22 foi considerado o mais curto dos autossomos. Na verdade, os classificadores cometeram um erro, pois um trabalho subseqüente mostrou que o cromossomo 21 é de fato menor que o de número 22. No final dos anos 50, os mapeadores de genes estavam em situação pouco melhor que a dos geógrafos medievais, para os quais a maior parte da superfície do planeta era *terra incognita*.

As limitações da pesquisa laboratorial refletiam-se nas enfermarias dos hospitais. A genética permaneceu longe da vanguarda da prática médica no período do imediato pós-guerra. Nos países desenvolvidos, os antibióticos estavam controlando ou mesmo eliminando as principais doenças infecciosas, que haviam matado e mutilado milhões ao longo da história humana. As vacinas e os antibióticos, somados a uma dieta melhor e a um estilo de vida mais ameno que acompanhava a elevação dos padrões de vida, significavam que a ampla maioria da população dos países desenvolvidos podia esperar viver vidas mais longas e mais saudáveis do que nunca na história humana. Enquanto sucessivas "cápsulas mágicas" faziam seu trabalho, atraindo dinheiro, prestígio e atenção pública, a genética humana permanecia como uma espécie de água parada. No entanto, à medida que a incidência das principais doenças infecciosas foi declinando, cresceu a importância relativa dos distúrbios com base genética. Nas populações do Norte da Europa, cerca de 1 a 2% de todos os nascimentos estão associados a alguma forma de deficiência genética ou a distúrbios do desenvolvimento com forte componente genético. Um estudo das crianças admitidas num hospital de Montreal entre 1969 e 1970 revelou a presença de problemas "genéticos" em 11% dos casos. A doença genética é hoje uma importante causa de morte entre menores de 15 anos.

Nos países em desenvolvimento, a mortalidade infantil por infecções e desnutrição tem mascarado até agora a carga da doença genética. No entanto, é nesses países que os distúrbios genéticos cobram seu mais pesado tributo, pois os dois defeitos monogênicos mais comuns no mundo — a anemia falciforme e a talassemia — surgiram como efeito colateral do desenvolvimento, pelo ser humano, de uma defesa contra a malária. Nas regiões em que a malária foi erradicada, essas doenças genéticas fizeram-se então notar.

A talassemia em Chipre é um exemplo clássico. As talassemias são um grupo de doenças invalidantes que atingem os glóbulos vermelhos; constituem talvez o defeito monogênico mais comum no mundo, e sua incidência está estreitamente correlacionada com a distribuição da malária. A doença era praticamente desconhecida em Chipre até o início da década de 50, quando a malária, até então endêmica na ilha, foi erradicada e os índices de mortalidade na primeira infância declinaram. Tornou-se então evidente que a talassemia já estava presente na população, mas nunca fora percebida porque os atingidos morriam cedo, engrossando a elevada taxa de mortalidade infantil. A doença tornou-se um importante problema de saúde pública de Chipre e ficou claro que o custo dos métodos modernos de alta tecnologia para o cuidado de todas as crianças afetadas — procedimentos que envolviam repetidas transfusões de sangue — acabaria por consumir metade de todas as verbas destinadas à saúde na ilha. Exemplos como esse levaram a genética para a vanguarda da medicina moderna — tanto pelo interesse piedoso em aliviar o sofrimento humano como por duras razões financeiras.

Em 1970 ocorreu uma verdadeira revolução no mapeamento físico dos genes humanos. Torbjörn Caspersson, Lore Zech e colegas, do Instituto Karolinska, na Suécia, descobriram uma forma de "corar" cromossomos humanos com corantes fluorescentes, de modo a tornar vísiveis os padrões de bandas característicos. Quando tratados com um corante derivado da acridina, a mostarda da quinacrina, e iluminados com luz ultravioleta, todos os cromossomos se tornam visíveis na forma de uma série de bandas escuras e claras. A técnica mais usada atualmente para evidenciar as bandas emprega um corante fluorescente chamado Giemsa. Os padrões de bandas permitiram aos citogeneticistas ver claramente os cromossomos e, pela primeira vez, distingui-los uns dos outros.

A técnica de corar e examinar cromossomos ao microscópio é chamada de cariotipia. Depois que cada cromossomo humano pôde ser assim identificado pelo seu padrão de bandas, os pesquisadores adotaram um sistema uniforme para designar os cromossomos e as bandas. Ao microscópio, os cromossomos assemelham-se a pequenos bastões, com um estreitamento mais ou menos próximo do centro; essa constrição, conhecida como "centrômero", divide cada cromossomo em um braço "curto" e um "longo". Em 1966 o braço curto de todos os cromossomos foi arbitrariamente chamado de "p" e o braço longo, de "q"; em 1971 uma conferência internacional realizada em Paris adotou oficialmente um sistema de numeração desenvolvido por Caspersson, que divide cada braço em três regiões demarcadas por bandas muito nítidas. As regiões são demarcadas a partir do centrômero rumo à extremidade do braço, e as bandas são numeradas consecutivamente em cada região. Assim, por exemplo, um dos genes da proteína colágeno localiza-se em 7q22, isto é, no braço longo do cromossomo 7, na segunda banda da segunda região. O gene da fibrose cística não está muito longe dele: situa-se em 7q31-32, açambarcando a primeira e a segunda bandas da região 3. O gene que, quando defeituoso, dá origem à coréia de Huntingon localiza-se na banda terminal do braço curto do quarto cromossomo: 4p16. Os genes para o grupo sangüíneo ABO situam-se perto da ponta do cromossomo 9, em 9q34: no braço longo, na quarta banda da região três.

A cariotipia é um poderoso instrumento para a detecção pré-natal de anormalidades cromossômicas graves. O desenvolvimento da amniocentese e do exame de vilosidades coriônicas tornou possível coletar amostras de células que têm a mesma constituição genética que o feto em desenvolvimento. Na amniocentese, o médico introduz uma agulha através da parede do útero da gestante para extrair uma pequena amostra do líquido que envolve o feto. Embora esse líquido não vá fazer parte da criança, as células presentes no saco amniótico têm composição genética igual às do feto, não às da mãe. As células colhidas podem ser cultivadas em laboratório, os cromossomos corados e em seguida contados e examinados ao microscópio. O problema com essa técnica é que não se pode fazer a amniocentese antes de 16 a 18 semanas de gravidez, precisando-se de cerca de mais uma semana para o cultivo das células, de modo que os cromossomos possam ser analisados. Se a mãe de um afeto atingido por uma anormalidade cromossômica desejar interromper sua gravidez, isso terá de ser feito já tardiamente, por volta da 19ª ou 20ª semana, o que pode ser um procedimento profundamente penoso. Mais recentemente tornou-se disponível uma técnica diferente, que extrai algumas células fetais das vilosidades coriônicas — tecido que mais tarde se desenvolve na placenta — e que pode ser aplicada muito mais cedo, aproximadamente da nona à 12ª semana. O exame das vilosidades coriônicas está associado a um risco marginalmente maior de provocar um aborto que a amniocentese, mas para muitas mulheres o benefício de um diagnóstico precoce pode superar quaisquer desvantagens.

A anormalidade cromossômica mais comum é a que leva à síndrome de Down, associada à posse de três cópias do cromossomo 21, em vez de duas. A síndrome afeta uma em cerca de 600 a 650 crianças. A probabilidade de uma mulher conceber um filho com a síndrome de Down aumenta com a idade: passa de uma em 2 mil em mulheres com vinte e poucos anos para uma em 350 em mulheres com 35 anos. Aos 40 anos, uma mulher tem uma possibilidade em 100 de que seu bebê seja afetado por essa anormalidade. Uma vez feito o cariótipo, a partir da amniocentese ou do exame das vilosidades coriônicas, a presença de um cromossomo 21 adicional, a marca registrada da síndrome de Down, fica evidente para um citologista experiente. A síndrome de Down surge espontaneamente, não sendo herdada de pai ou mãe afetados (os homens com síndrome de Down tendem a ser estéreis, mas algumas mulheres têm filhos).

O padrão de bandas do cromossomo forneceu, pela primeira vez, uma cartografia física detalhada do genoma humano. Os pesquisadores da "biblioteca" genética humana puderam não somente distinguir um compartimento de outro, mas, falando em linguagem figurada, reconhecer as prateleiras individuais. Logo que as primeiras técnicas de coloração foram desenvolvidas, detectaram-se cerca de 400 bandas. Graças a refinamentos técnicos, hoje é possível identificar até 3 mil diferentes bandas nos cromossomos humanos. Elas não representam, porém, genes individuais — qualquer banda ocupa uma extensão de cromossomo demasiado longa para corresponder a um único gene.

Que se sabe então sobre os livros que ocupam as prateleiras — os próprios genes? Pesquisas já mostraram a localização de um pequeno número de livros. Por vezes, anomalias cromossômicas visíveis em pessoas que sofrem de doenças genéticas indicam onde o gene afetado poderia estar localizado. O estudo de cromossomos "extras" demonstrou que o livro que contém a receita do sexo masculino está contido no compartimento chamado "cromossomo Y". Estudos da freqüência da transmissão de características isoladas mostraram que os livros relacionados à visão das cores e a algumas proteínas do sangue estão no compartimento "cromossomo X". Para ter uma idéia da proximidade que haveria entre esses dois genes e da ordem em que estariam no cromossomo, os geneticistas passaram a estudar as diversas maneiras em que características são herdadas conjuntamente.

Antes de serem transmitidos dos pais para a prole, os genes são embaralhados durante o processo de preparação do óvulo na mãe e do espermatozóide no pai. As células sexuais diferem das outras do resto do corpo por possuírem um único conjunto de cromossomos: só quando um óvulo e um espermatozóide se fundem é que o ovo fertilizado adquire seu repertório completo de 23 pares de cromossomos. As células sexuais são formadas por um complexo processo de divisão em que genes são embaralhados e os pares de cromossomos são separados. Antes dessa separação, os cromossomos de cada pár tomam posição um ao lado do outro e cada um faz várias permutações com o parceiro, trocando fragmentos cromossômicos, de tal modo que um bebê recebe da mãe um cromossomo número 1 que é geneticamente distinto dos dois cromossomos número 1 que ela possui, representando uma seleção de ambos. Dos genes presentes no cromossomo do bebê, alguns serão as variantes herdadas de seu avô materno e os outros da avó materna. O mesmo processo terá ocorrido durante a formação do espermatozóide do seu pai. Esse processo de "recombinação", que embaralha os genes, pondo-os em novas combinações, é um dos eventos mais importantes do processo da hereditariedade. Em média, ocorrem cerca de 52 recombinações, entre uma e seis em cada cromossomo, dependendo do seu comprimento. Por motivos desconhecidos, porém, verifica-se que no baralhamento dos cromossomos das mulheres ocorre maior número de recombinações que no dos homens.

Genes próximos uns dos outros num cromossomo tendem a ser transmitidos juntos — quanto mais próximos estiverem, mais estreita será essa "ligação". Assim como duas cartas muito próximas num baralho têm razoável chance de permanecer juntas quando ele é embaralhado, as variantes de dois genes próximos um do outro num cromossomo têm razoável chance de serem herdadas conjuntamente. Pelo estudo dos padrões de transmissão "ligada" de várias características, é possível avaliar a distância relativa que separa esses genes. Dois genes situados no cromossomo X fornecem um bom exemplo de como as posições relativas dos genes podem ser situadas dessa maneira. Um é o gene da visão das cores, que, quando defeituoso, causa o daltonismo, e o outro é o que determina a produção da enzima deidrogenase glicose-6-fosfato (G6PD). Quando esse gene é defeituoso, só são produzidas pequenas quantidades de G6PD — doença conhecida como deficiência de G6PD. Isso foi observado pela primeira vez quando, durante a Guerra da Coréia, soldados americanos começaram a dar baixa por invalidez depois de inexplicadas hemólises — destruição dos glóbulos vermelhos de seu sangue. Em 1958 o geneticista Barton Childs, que trabalhava na Johns Hopkins, em Baltimore, estabeleceu a relação entre o gene da G6PD e o cromossomo X pela via tradicional de notar que a deficiência dessa enzima ocorre nos homens, mas não nas mulheres das famílias afetadas. A deficiência de G6PD é comum sobretudo em americanos negros do sexo masculino — entre os quais a incidência se eleva a 10% — e em judeus mediterrâneos. Quando pessoas com deficiência de G6PD são expostas a certas substâncias ou drogas químicas, especialmente os modernos medicamentos antimaláricos, seus glóbulos vermelhos tendem a ser destruídos, o que as torna anêmicas. Algumas famílias possuem um cromossomo X com cópias mutantes desse gene e do associado à visão das cores e, pelo estudo da freqüência com que os dois traços são herdados conjuntamente e da freqüência com que aparecem separadamente, foi possível inferir qual é a proximidade entre os genes no cromossomo X.

Assim, no início da década de 60 McKusick e dois colegas, Ian Porter e J. Schulze, começaram a aplicar testes de daltonismo a meninos negros de escolas de Baltimore. De 3.648 meninos testados, 134 eram daltônicos e os pesquisadores verificaram que, nas famílias de dez deles, alguns filhos apresentavam tanto daltonismo como baixos níveis de G6PD. Nessas famílias havia outros meninos que eram daltônicos ou tinham pouca G6PD, mas não ambas as coisas, ficando claro portanto que a recombinação genética às vezes separava os dois genes. Provavelmente os meninos tinham herdado os genes responsáveis por aqueles traços de suas mães, mas os pesquisadores não conseguiram rastrear a presença dos genes nestas, que, sendo do sexo feminino, tinham dois cromossomos X e portanto não exibiam as características. Assim, os geneticistas tiveram de saltar uma geração e retroceder aos avós maternos dos meninos. Entre as famílias em que o avô materno era portador de ambos os genes defeituosos, 19 em 20 netos afetados haviam herdado tanto o daltonismo como a deficiência de G6PD. Um em 20 tinha herdado uma ou outra dessas características. O fato de os dois genes aparecerem isolados em apenas 5% dos meninos aponta uma ligação estreita, sugerindo que estão situados muito perto um do outro no cromossomo X. A essa distância, atribui-se um comprimento arbitrário que representa a freqüência de recombinação entre as duas posições. Assim, caso se constate que a ligação entre o gene da visão das cores e um terceiro gene — A — no cromossomo X é mais fraca, isso indica que A deve estar a uma distância maior dele. A ordem dos três genes poderia então ser determinada, encontrando-se a ligação entre A e a deficiência de G6PD.

Esse tipo de mapeamento genético é uma velha técnica que foi desenvolvida inicialmente na drosófila, no início do século XX, por geneticistas americanos liderados por Thomas Hunt Morgan. Em 1915 Morgan e seus colegas haviam localizado as posições relativas de mais de 85 genes da drosófila usando esses métodos. Descobriram que havia quatro grupos de genes que pareciam ser herdados em conjunto — quatro "grupos de ligação". Como o exame das células da drosófila revelou que elas tinham quatro cromossomos, isso constituiu forte indício de que os genes se localizavam em cromossomos, e *The Mechanism of Mendelian Heredity* [O mecanismo da hereditariedade mendeliana], obra conclusiva publicada em 1915, demonstrou pela primeira vez a validade da base cromossômica da hereditariedade. Em homenagem ao feito de Morgan, a unidade pela qual se medem as distâncias genéticas é chamada de morgan. No exemplo acima, diz-se que os dois genes que se separam um do outro apenas 5% das vezes estão separados cinco centimorgans. Em termos gerais, ao longo dos cromossomos humanos, a distância genética de um centimorgan corresponde a uma distância física de cerca de 1 milhão de pares de bases. Essa é apenas uma aproximação muito grosseira e rápida, pois a relação entre distâncias genéticas e físicas pode variar por um fator de cinco ou até dez.

As drosófilas procriam muito depressa, produzindo uma nova geração a cada 14 dias, o que as torna ideais para estudos genéticos. Os seres humanos procriam mais lentamente e, ao contrário do que se passa com as drosófilas, seria moralmente inadmissível acasalar duas pessoas com genes defeituosos interessantes para se observar o efeito em seus filhos. Embora os seres humanos possam ser objetos difíceis para o estudo genético por terem vida longa e prole reduzida, o estudo da hereditariedade em humanos apresenta uma vantagem: nenhum outro animal mantém amplos registros de nascimentos, casamentos e mortes. Como a vida dos registros é mais longa que a das pessoas, por vezes é possível reconstruir a transmissão de uma característica através de gerações anteriores até os nossos dias por meio da simples pesquisa dos registros. Mesmo assim, o estudo da genética humana avançou muito lentamente. Até o final da década de 60, praticamente o único progresso fora o relacionado aos genes ligados ao sexo. Os pesquisadores estavam limitados a apenas dois compartimentos da biblioteca genômica humana e o resto permanecia mergulhado nas trevas. Seria possível encontrar algum dos livros contidos nos outros compartimentos da biblioteca?

A primeira atribuição de um gene humano a um cromossomo que não fosse X ou Y — isto é, a um autossomo — ocorreu em 1968, alguns anos antes de os mapas de bandas detalhados se tornarem disponíveis. Roger Donahue, na época um estagiário de pesquisa que começava a trabalhar no laboratório de McKusick, fez o que faziam todos os jovens pesquisadores desse campo: observou seus próprios cromossomos ao microscópio. Constatou que um de seus cromossomos 1 parecia diferente da norma. O cromossomo 1 é o mais longo de todos, mas um dos de Donahue parecia estar começando a se desenrolar e era ainda mais longo que o normal. Esse cromossomo anômalo parecia não estar associado a nenhum traço anormal ou doença, mas Donahue decidiu descobrir como o herdara e verificar se, juntamente com ele, herdara alguma característica bioquímica ou física. Se conseguisse encontrar alguma coisa, a forma anormal do cromossomo 1 passaria a ser um marcador físico para um gene nele contido.

Em conjunto com Wilma Bias e o geneticista de populações James Renwick, Donahue procurou variações em grupos sangüíneos que pudessem ser herdadas juntamente com a forma inusitada do cromossomo. Além da conhecida classificação A, B, AB e O, que os hospitais precisam determinar para evitar rejeição de transfusões de sangue, o sangue humano pode ser categorizado em inúmeros outros grupos. Todos eles se caracterizam pelas diferentes proteínas contidas na superfície dos glóbulos vermelhos e que podem variar de um indivíduo para outro. Verificou-se que todos os membros da família de Donahue que possuíam o cromossomo 1 desenrolado possuíam também um gene para um tipo particular de grupo sangüíneo conhecido como Duffy-a. A atribuição do gene para Duffy-a ao cromossomo 1 foi confirmada por estudos de outras famílias também portadoras daquela anormalidade cromossômica. Foi a primeira atribuição de um gene a um autossomo em seres humanos. Poucos meses depois, um grupo que trabalhava com Renwick atribuiu outro gene ao cromossomo 16, sendo rapidamente seguido por outro grupo americano que identificou um segundo gene no mesmo cromossomo 16. Em ambos os casos, a atribuição foi feita graças à descoberta de uma correlação entre um traço particular e uma irregularidade visível na estrutura do cromossomo.

Enquanto os citogeneticistas se dedicavam ao estudo da topografia física dos cromossomos ao microscópio, tornara-se disponível um potente método para isolar cromossomos humanos. Em 1967 Mary Weiss e Howard Green, da Universidade de Nova York, aprimoraram uma técnica que permitia a fusão de células humanas e de camundongos mantidas em cultura. Algumas das células híbridas de homem e camundongo cresciam e se multiplicavam em cultura, embora tendessem a perder alguns dos cromossomos humanos à medida que passavam pelo processo de divisão e replicação celular.

Apesar disso, Weiss e Green foram capazes de criar linhagens estáveis de células híbridas, que continham o genoma completo do camundongo e também alguns cromossomos humanos. Cada linhagem de células híbridas continha, além dos cromossomos do camundongo, um subconjunto diferente de oito a 12 cromossomos humanos. (É fácil distinguir os cromossomos humanos dos de camundongo ao microscópio.)

Usando um grande conjunto — um painel — desses "híbridos de células somáticas" contendo diferentes combinações de cromossomos humanos, foi então possível correlacionar a presença ou ausência de determinado cromossomo com a presença ou ausência de determinado traço bioquímico — e portanto de um gene. Os bioquímicos são capazes de identificar a proteína humana que é produzida por determinada linhagem celular, e em seguida examinar todas as diferentes linhagens celulares para descobrir o cromossomo humano comum a todas as células que produzem aquela proteína. Desse modo, podem correlacionar a presença da proteína com a presença de determinado cromossomo no híbrido. No primeiro artigo que publicaram sobre o assunto, em 1967, Weiss e Green observaram que a enzima timidina quinase estava relacionada com um cromossomo humano específico, mas não tinham meios de identificá-lo àquela altura. A cariotipia resolveu esse problema, revelando exatamente que cromossomos humanos permaneciam estáveis numa dada linhagem de células híbridas humanas e de camundongo. Assim, quatro anos mais tarde, Barbara Migeon e C. S. Miller, da Johns Hopkins, conseguiram identificar o cromossomo 17 como o portador do gene da timidina quinase. Atualmente é possível dispor de linhagens de células híbridas que contêm cópias únicas de certos cromossomos humanos — 7, 16, 17, 19, X e Y por exemplo —, o que torna muito mais fácil a tarefa de localizar um gene num cromossomo.

Assim, no início da década de 70, citologistas e geneticistas tinham começado a traçar os mapas de que precisavam para encontrar seu caminho através da biblioteca do genoma humano. Os mapas eram de vários tipos e tinham diferentes escalas. O procedimento mais óbvio é tentar encontrar que cromossomo contém determinado gene — em que compartimento da livraria está o livro? Quando se sabe que dois genes estão no mesmo cromossomo, um caminho para determinar a posição de um gene, o mapa de ligação genética, é situá-lo pela proximidade a que está de outros. Numa biblioteca ordenada pelo sobrenome dos autores, *Ana Karenina*, de Tolstói, tenderá a estar próximo de *The Hobbit*, de Tolkien, e à sua direita, e os dois estarão mais próximos entre si do que qualquer deles estará de *Vanity Fair*, de Thackeray. Um mapa genético é bastante parecido com o fichário com índice por autores de uma biblioteca. Cada ficha do fichário pode estar na ordem correta, mas isso não informa aos futuros leitores onde terão de procurar os próprios volumes. De maneira semelhante, um mapa de ligação genética não contém informação precisa sobre onde residem os genes em meio à seqüência de pares de bases num dado cromossomo. Um mapa físico de uma biblioteca mostraria em que prateleira e em que ponto dela se localiza determinado livro.

As bandas reveladas pelos corantes de Caspersson ao longo dos cromossomos forneceram o primeiro método para medir essas distâncias na biblioteca do genoma humano. Em junho de 1973 Frank Ruddle, da Universidade Yale, organizou, em New Haven, o primeiro seminário sobre mapeamento genético humano. O Instituto Médico Howard Hughes publicou uma breve história do mapeamento genético, compilada por Maya Pines, autora de livros sobre ciência, a qual registra que, por ocasião do encontro de New Haven, "apenas 150 genes tinham sido mapeados em cromossomos específicos, e Thomas Shows, do Roswell Park Memorial Institute, em Buffalo, Nova York, presidente do comitê de nomenclatura, era capaz de lembrar o nome exato e o símbolo de cada um". Todo o mapa genético humano se resumia a um desenho esquemático de cada cromossomo, mostrando as bandas e a localização aproximada de cada um dos 150 genes. Não ocupava mais que uma página de formato A4.

A revolução ocorreu na década de 70, com a invenção das técnicas de ADN recombinante — a descoberta de tesouras químicas que eram capazes de cortar o filamento da hélice dupla em lugares específicos, com precisão absoluta, e, além disso, de uma "fita durex" bioquímica, capaz de colar dois diferentes fragmentos cortados. Ali estavam finalmente "bisturis" em escala molecular com que se podia dissecar o ADN e que foram aplicados com tanto sucesso ao tratamento de doença humana nos NIH em setembro de 1990. A era do ADN recombinante revolucionou toda a genética, incluindo o estudo da hereditariedade humana. Na década passada, técnicas de emenda de genes [*splicing*] foram aplicadas à elaboração de mapas detalhados do genoma humano. Em 1987 pelo menos 1.215 genes humanos já tinham sido localizados em cromossomos particulares. E o ritmo está se acelerando. Em outubro de 1991, já havia 2.144 genes mapeados. As técnicas que tornaram possível essa revolução serão descritas no próximo capítulo.

# 4

# Dos Micróbios ao Homem

Não é todo dia que um professor universitário lhe pede para cuspir diante dele. Mas foi exatamente isso que, certa manhã, na Escola de Medicina do Hospital St. Mary, em Londres, Bob Williamson, professor de genética molecular, me pediu para fazer. Ele me dera um folheto sobre a transmissão hereditária da fibrose cística (FC) e fizera durante uns dois minutos o discurso padrão de aconselhamento genético. Tomei então um gole da solução salina estéril do frasco de coleta que ele me entregara, bochechei e cuspi de volta no frasco. Acabara de fornecer uma porção do meu próprio ADN suficiente para que o assistente de pesquisa do professor Williamson, Ed Mayall, dissecasse meus genes.

Dessa maneira, o professor Williamson e sua equipe recolheram amostras de cerca de 3 mil pessoas. A idéia é identificar casais cujos membros são ambos portadores de um gene mutado e que portanto correm risco de ter um filho com FC. Um programa de controle genético como esse só é possível graças ao extremo refinamento da atual tecnologia analítica do ADN. De toda a biblioteca de meus cerca de 50 mil genes, Ed Mayall pôde puxar e ler o livro da FC. Quando bochechei com a solução salina, algumas células das paredes da minha boca se desprenderam e se depositaram no frasco de coleta. Em menos de quatro horas Mayall já havia separado as células do restante da solução, recolhido o ADN das células, copiado esse ADN vários milhares de vezes e em seguida comparado meu ADN com amostras de referência contendo mutações que causam FC. Partes do procedimento são semi-automatizadas, de modo que ele é capaz de processar várias amostras ao mesmo tempo, podendo examinar de 250 a 500 delas por semana, se necessário. Do ponto de vista dos que se submetem ao teste, o procedimento é mais simples que o exigido nos testes de aferição do nível de álcool no sangue para motoristas. No meu caso, o resultado foi um retumbante veredicto de normalidade. Nem a versão materna nem a paterna de meu gene é a variante FC: pertenço aos 24 em 25 membros da população que não possuem a mutação FC entre seus genes.

Esse teste é apenas um dos resultados da revolução genética ocorrida nos últimos 20 anos. A revolução começou num lugar improvável — o intestino humano. É ali que se encontram as poderosas chaves que permitirão desvendar os segredos do genoma humano. Essas chaves estão contidas em organismos que, à primeira vista, têm pouca relevância para a genética humana — as bactérias. O estudo da genética bacteriana, que começou desde os anos 40, deu origem a uma indústria de muitos bilhões de dólares e transformou a compreensão que os cientistas tinham dos genes de todo organismo vivo — incluindo os seres humanos.

O micróbio mais intensivamente estudado é uma bactéria chamada *Escherichia coli*, ou *E. coli*, que habita o intestino humano em imensas quantidades. Trata-se de um organismo notavelmente bem-sucedido; há maior número de *E. coli* no intestino de cada ser humano do que homens na superfície do planeta. As células de *E. coli* são pequeníssimos bastões com cerca de dois milionésimos de um metro (2 micrometros) de comprimento e metade disso de diâmetro. No entanto, é um organismo extremamente conveniente como objeto de estudo para um geneticista: é unicelular, multiplica-se rapidamente — em condições ideais, uma célula se divide em duas a cada 20 minutos — e uma solução aquosa contendo apenas glicose e alguns sais minerais já permite seu desenvolvimento.

O ADN das bactérias está organizado num único "cromossomo" circular que fica solto na célula, em contraste com as células muito mais complexas dos fungos, plantas e animais, em que os cromossomos ficam encapsulados num compartimento esférico especial chamado núcleo, isolado do resto da célula por uma membrana.

No final da década de 30 e início da de 40, antes que o papel do ADN como material genético tivesse sido provado, um grupo de pesquisadores dos Estados Unidos, entre os quais vários emigrados da Europa, como Salvatore Luria e o físico convertido em biólogo Max Delbrück, perceberam as vantagens do estudo da genética tanto nas *E. coli* como nos vírus — ou bacteriófagos — que nelas se multiplicam. Somente trabalhando com um dos mais simples organismos existentes, pensava Delbrück, os cientistas serão capazes de compreender o funcionamento dos genes num nível fundamental. Esses pesquisadores tornaram-se conhecidos como "o grupo do fago" (redução de bacteriófago), ao qual se incorporou, no final dos anos 40, o jovem Jim Watson.

A escolha de bactérias e fagos provou-se um notável exemplo de presciência e rendeu dividendos científicos tão valiosos como a escolha da drosófila para o estudo da genética clássica, feita por Morgan. Quando Hershey e Chase demonstraram cabalmente, em 1952, que o ADN era a molécula da hereditariedade, usaram bactérias e bacteriófagos. Durante mais de três décadas, de 1940 a 1973, as bactérias e os fagos demonstraram ser os únicos sistemas convenientes para o estudo detalhado da organização e função dos genes, bem como das conseqüências da introdução de material genético novo numa célula.

Conseqüentemente, a maior parte dos avanços em genética ocorreram como resultado do estudo de bactérias e de seus bacteriófagos associados. Descobriu-se que as bactérias têm sexo — que há, por assim dizer, machos capazes de inocular parte de seu ADN numa fêmea receptora. Os pesquisadores conseguiram interromper esse processo num momento em que apenas uma fração do ADN fora transmitida e comparar o efeito com o produzido em bactérias que tinham recebido maior quantidade de ADN — de fato, empreenderam uma reprodução seletiva das bactérias. Como as bactérias crescem e se reproduzem rapidamente e têm um número de genes muito menor que os organismos mais complexos, como animais ou plantas, os experimentos eram relativamente fáceis e de rápida execução, ao mesmo tempo em que os resultados obtidos eram mais nítidos que os alcançáveis com a genética vegetal ou animal. Foi possível até estudar a ordem em que os genes se dispunham em torno do cromossomo circular da bactéria. A relativa facilidade com que os genes de uma bactéria puderam ser mapeados por métodos desse tipo contrasta fortemente com as dificuldades enfrentadas por pesquisadores que tentavam mapear o genoma humano, expostas no capítulo anterior. Mais de 900 genes já foram mapeados em *E. coli*, mas provavelmente isso ainda é menos da metade de todo o genoma da bactéria. Embora os pesquisadores tenham acumulado dessa forma considerável conhecimento sobre o modo como os genes bacterianos se organizam e funcionam, isso foi feito sobretudo através de métodos "genéticos" indiretos — ainda não se descobriu uma forma de observar diretamente a seqüência de pares de bases em um pedaço de ADN.

No final da década de 60 uma mudança estava prestes a ocorrer. Para nossos objetivos, a íntima relação entre micróbios e homens reside na descoberta de uma bateria de enzimas, produzidas por bactéria e vírus, que podem ser usadas na manipulação do ADN. Gradualmente, quase sem o perceber, os pesquisadores começaram a reunir um poderoso instrumental que lhes permitia "editar" o texto genético escrito na hélice dupla. Descobriram tesouras moleculares com que podiam cortar um fragmento de texto e uma fita adesiva biológica para colar os pedaços do texto editado. Mais importante que tudo, começou-se a perceber que o conjunto microbiano de ferramentas para a edição do ADN era capaz de localizar textos específicos dentro do ADN. Era como se fosse possível encontrar o texto do famoso solilóquio de Hamlet na biblioteca tendo acesso a todas as passagens de textos que contivessem a expressão "*to be*", para em seguida identificar as pertencentes ao solilóquio. A descoberta dessas ferramentas de edição e do modo como podiam ser utilizadas tornou possível o sonho de mapear e seqüenciar o genoma humano.

A revolução tecnológica na biologia molecular começou por volta de 1970. Hamilton Smith, da Universidade Johns Hopkins, em Baltimore, isolou da bactérica *Haemophilus influenzae* uma enzima que cortava os filamentos do ADN. Havia algum tempo que se conheciam enzimas que cortam o ADN ao acaso, mas a enzima de Smith era diferente. A nova tesoura molecular tinha a notável propriedade de reconhecer uma pequena seqüência específica de pares de bases e em seguida cortar o filamento sempre no mesmo ponto desse fragmento. Era o equivalente genético do comando "localizar" de um programa de processamento de textos — um mecanismo biológico capaz de fazer um trabalho equivalente ao exame de toda uma biblioteca e ao recorte de trechos dos livros sempre que aparecesse a expressão "*to be*". A especificidade dessas enzimas de restrição, como são conhecidas, é assombrosa. Uma enzima de restrição (*Eco*-RI), produzida pela *E. coli*, reconhece apenas a seqüência GAATTC e faz o corte sempre entre o G e o primeiro A. O filamento complementar da hélice dupla terá a seqüência CTTAAG, e a *Eco*RI secciona esse filamento também entre o G e o A, fazendo um corte em ziguezague através do ADN. Centenas de enzimas desse tipo, cada uma com um sítio de corte diferente, são conhecidas atualmente.

A descoberta-chave feita no início da década de 70 foi que essas enzimas de restrição cortavam o ADN de qualquer outra célula com a mesma eficácia, não importa onde se localize seu sítio particular de restrição. Podiam, portanto, ser aplicadas ao estudo do ADN de plantas e animais.

No início da década de 70, já havia métodos de rotina disponíveis para a classificação de fragmentos de ADN pelo tamanho. Sob a influência de um campo elétrico, filamentos de ADN movem-se em meio a uma geléia feita de um material conhecido como agarose. Quanto menores são os fragmentos de ADN, mais rapidamente eles se deslocam. Essa técnica, conhecida como eletroforese em gel, permite ordenar os fragmentos de ADN segundo seu comprimento e portanto distinguir os fragmentos de diferentes comprimentos produzidos pelo corte efetuado por uma enzima de restrição. Pela primeira vez os geneticistas dispunham de uma forma de identificar um trecho específico de ADN em meio a uma miscelânea de fragmentos.

As bactérias ofereciam também algo mais que um mero mecanismo para o isolamento de um trecho de ADN: proporcionavam uma espécie de "xerox" molecular. Os geneticistas passaram a poder "clonar" um gene humano pelos métodos do "tesoura e cola". Uma tira de ADN isolado mediante o corte feito por uma enzima de restrição pode ser emendada num cromossomo de um bacteriófago, de modo a produzir um "ADN recombinante". Células de *E. coli* podem então ser infectadas com o fago geneticamente alterado. O vírus se reproduz dentro da bactéria, copiando fielmente a tira de ADN humano juntamente com seu próprio ADN, até que se produz um número tão grande de novas partículas virais que as células bacterianas arrebentam. Os vírus são separados dos restos das células, o ADN do fago é isolado e o trecho de ADN humano é recuperado por meio de cortes feitos com as mesmas enzimas de restrição usadas no início para retirá-lo do próprio ADN humano. Desse modo, os geneticistas tornaram-se finalmente capazes de obter, em grandes quantidades, amostras puras de qualquer pedaço de ADN para posterior análise e utilização.

A disponibilidade de ADN puro em quantidades suficientes para análise transformou o campo da genética. Não se pode estudar uma reação química entre duas moléculas individuais porque elas são pequenas demais para serem observadas diretamente e as energias em jogo são ínfimas; a alternativa adotada pelos químicos é ampliar o efeito a um nível mensurável mediante a introdução de milhões de moléculas reagentes em seus tubos de ensaio. A dificuldade para os biólogos moleculares que desejam estudar conjuntos de muitos milhões de moléculas de ADN sempre foi obter uma amostra "pura" composta de muitas cópias apenas do pedaço de ADN necessário para a análise. As tesouras químicas das enzimas de restrição, com sua espantosa especificidade, e o mecanismo de fotocópia de fagos e bactérias começaram a suprir essa falta.

O primeiro ADN recombinante foi construído em 1970-71 por Paul Berg, da Universidade Stanford, na Califórnia, juntamente com David Jackson e Robert Symons. Usando enzimas de restrição para cortar o ADN e ligases bacterianas para juntar novamente as extremidades cortadas, eles emendaram um pedaço de ADN bacteriano no ADN de um pequeno vírus animal, produzindo assim um ADN "quimérico" inteiramente novo — um anel de ADN formado de material genético de duas origens diferentes.

A construção de um ADN quimérico foi um sucesso, mas um novo problema se apresentava: encontrar uma forma de multiplicá-lo, para tê-lo em maiores quantidades. Em 1973 Stanley Cohen, da Universidade Stanford, na Califórnia, com Herbert Boyer, de São Francisco, mostraram como isso podia ser feito. Construíram um ADN recombinante com fragmentos de dois plasmídeos — pequenos ADNs circulares encontrados em muitas bactérias — e reintroduziram esse plasmídeo recombinante em células de *E. coli*. À medida que as células se multiplicaram, o ADN recombinante multiplicou-se junto com todo o resto do ADN bacteriano. No ano seguinte, eles tinham conseguido fazer ADNs recombinantes até mesmo pela transferência de ADN de um animal — o sapo africano *Xenopus*, dotado de garras — para a *E. coli*.

A essa altura, começaram a aflorar temores sobre a correção e a segurança do que estava se passando nos laboratórios de ADN recombinante. Seria correto emendar material genético de animais complexos, como o sapo africano, no ADN de uma bactéria como a *E. coli*? Não seria isso, de algum modo, uma espécie de miscigenação? Mas as questões relativas à segurança tinham ainda mais força. A *E. coli* está presente em toda parte e é um habitante do intestino humano. Alguns dos experimentos propostos envolviam a costura de *E. coli* ao SV 40 (vírus de símio 40), que é causador de câncer, mediante a introdução de seu ADN em genes de células hospedeiras.

Estariam os engenheiros genéticos prestes a desencadear uma praga devastadora de bactérias mutantes cancerígenas? Essas preocupações foram amplamente expressas no seio da própria comunidade científica. Em julho de 1974, um comitê dirigido por Paul Berg propôs uma moratória na manipulação genética até que os possíveis riscos tivessem sido plenamente investigados. Em fevereiro de 1975, um grupo de cerca de 150 dos mais eminentes biólogos moleculares reuniu-se no balneário de Asilomar, na costa do Pacífico, para debater essas questões. Deram início ao processo de formular regras que garantissem a segurança das pesquisas com ADN recombinante. Desde então, essas regras foram desenvolvidas e incorporadas à legislação da maioria das nações cientificamente desenvolvidas.

A essa altura, os geneticistas já tinham consciência de que podiam transferir ADN para uma célula não-aparentada e observar que efeito tinha o gene transferido — que proteína produzia, por exemplo. Na verdade, na década de 70 os pesquisadores tinham reinventado o sexo; só que, dessa vez, havia uma diferença. Ao longo da evolução, o sexo — a transferência de material genético de uma célula para outra — só fora possível, em geral, entre indivíduos da mesma espécie. Agora, porém, com a panóplia de técnicas inventadas naquela década, os biólogos podiam pegar, por exemplo, os genes da insulina humana, inseri-los em *E. coli*, desenvolver as bactérias em cultura e colher a insulina humana pura que as bactérias *E. coli* tinham sido instruídas a fabricar. Essas técnicas de ADN recombinante, ou de engenharia genética, são atualmente a base de uma grande indústria. Em fábricas espalhadas pelo mundo desenvolvido, tanques de bactérias e leveduras estão produzindo raros e valiosos fármacos, muitos deles baseados em receitas tomadas diretamente do ADN humano. A indústria da biotecnologia representa hoje a aplicação mais visível das técnicas de ADN recombinante, com bactérias, leveduras e até alguns mamíferos sendo postos a trabalhar na fabricação de proteína segundo uma receita genética que não lhes pertence.

Com o progressivo isolamento e identificação, pelo Projeto Genoma Humano, de um número cada vez maior de genes humanos antes desconhecidos, o potencial de utilização de microorganismos para a produção de proteínas humanas escassas crescerá enormemente. À medida que a abundância for substituindo a escassez, surgirão novas questões sobre quais são as escolhas corretas no uso de componentes disponíveis em quantidades jamais conhecidas anteriormente. É útil, portanto, delinear aqui o modo de funcionamento dessa tecnologia.

O primeiro produto genético humano a ser produzido em bactérias foi o hormônio somatostatina. Ele atua como um freio ao crescimento do corpo, neutralizando os efeitos da insulina e do hormônio do crescimento humano. Pessoas com deficiência de somatostatina freqüentemente se tornam anormalmente altas e têm as extremidades dos ossos anormalmente grandes. Era praticamente impossível obter esse hormônio humano, e os endocrinologistas, tendo descoberto a estrutura química da proteína animal equivalente, tinham de processar quase meio milhão de cérebros de carneiro para extrair cinco milésimos de grama do material. A somatostanina humana é uma proteína de pequena extensão, formada por apenas 14 aminoácidos. Em 1977 Keiichi Itakura, Herb Boyer, Francisco Bolivar e colegas anunciaram ter induzido a *E. coli* a fabricá-la em grandes quantidades.

O mais notável nesse feito é que eles próprios tinham sintetizado o gene, em vez de usar um gene da somatostatina cortado de uma célula viva. A partir do conhecimento da seqüência dos aminoácidos da proteína e do código genético que traduz a linguagem do ADN na dos aminoácidos, era simples (pelo menos em princípio) fabricar o filamento de ácidos nucléicos que iria dirigir a síntese da proteína. Na verdade, tratou-se de um processo quimicamente muito sofisticado. Em seguida, os pesquisadores costuraram o gene artificial num plasmídeo, de modo a incorporá-lo à bactéria. A pesquisa foi financiada por uma das primeiras companhias de biotecnologia, a Genentech, montada por Boyer e Itakura.

Dois anos depois, os cientistas da companhia anunciaram seu êxito na produção do hormônio do crescimento humano — somatotropina — em bactérias. Isso foi tecnicamente mais difícil, pois a proteína é mais longa, com 191 aminoácidos. Dessa vez os pesquisadores sintetizaram quimicamente apenas parte do gene, casando o que tinham fabricado com parte do gene de origem natural. Embora de produção mais difícil, o hormônio do crescimento humano é potencialmente mais lucrativo, em termos comerciais, que a somatostatina. É usado no tratamento de crianças que sofrem de deficiência do hormônio do crescimento e que, sem injeções dele, teriam seu crescimento tolhido e se tornariam anãs. Além disso, é usado como auxiliar na soldadura de ossos quebrados, na recuperação de pele queimada e no tratamento de úlceras que sangram. Há a indicação, muito polêmica, de que poderia retardar alguns dos processos associados ao envelhecimento.

A Genentech começou a fabricar seu hormônio do crescimento humano produzido por engenharia genética muito antes de surgir qualquer idéia do engajamento de cientistas no Projeto Genoma Humano, mas o modo como a empresa lidou com o suprimento abundante de uma proteína humana anteriormente rara e cara é um importante indicador das conseqüências potenciais do fluxo de novas proteínas que serão clonadas e reproduzidas em massa em decorrência do seqüenciamento do genoma humano. As questões que isso suscita serão discutidas no Capítulo 7. O mercado comercial para o hormônio do crescimento e a somatostatina é limitado, pois o nanismo e o gigantismo são anomalias bastante raras, mas de certo modo essas proteínas foram apenas modelos com que os pesquisadores tentaram aperfeiçoar suas técnicas, preparando-se para a clonagem e a manufatura da insulina, o maior trunfo comercial. O uso de insulina humana fabricada por bactérias geneticamente alteradas foi devidamente autorizado para o tratamento do diabetes em seres humanos no início da década de 80. Ela foi bem recebida em toda parte como alternativa muito preferível à insulina de porco, extraída do pâncreas de porcos no matadouro, usada até então. No entanto, o uso da insulina humana recombinante tem sido recentemente objeto de algumas controvérsias, tendo havido relatos de reações alérgicas e de diabéticos nos quais havia dificuldade em graduar a dose necessária para manter o nível adequado de açúcar no sangue.

Ao mesmo tempo em que a engenharia genética avançava, a capacidade dos geneticistas de isolar genes humanos crescia constantemente.

Em agosto de 1978, uma equipe de pesquisadores do Instituto de Tecnologia da Califórnia, liderada por Tom Maniatis, anunciou que havia criado uma "biblioteca" de genes humanos cortando o ADN humano com enzimas de restrição, inserindo os fragmentos em bacteriófagos vetores e cultivando-os em *E. coli*. Maniatis e seus colaboradores obtiveram seu ADN do fígado de fetos humanos abortados. Começaram com milhares de cópias do genoma humano completo. Em seguida, trataram o ADN com duas enzimas de restrição, de modo a obter fragmentos de ADN com cerca de 20 mil pares de bases. Usando técnicas de ADN recombinante que a essa altura já eram padrão, costuraram então cada fragmento no ADN do fago vetor escolhido e infetaram *E. coli* com esses ADNs recombinantes.

Eles haviam manipulado as condições originais de digestão de modo a obter uma biblioteca de cerca de 1 milhão de fragmentos, que deveria abranger todo o genoma. Os vírus reproduziram-se obedientemente nas bactérias, copiando o ADN humano nesse processo. Por meio de técnicas-padrão de cultura, os fagos derivados de cada fago recombinante individual foram isolados e armazenados. O até então intratável genoma humano tornava-se agora acessível na forma de milhões de pequenos fragmentos, cada qual devidamente embalado de modo a poder ser individualmente reconhecido e analisado. Essas e muitas outras bibliotecas de ADN humano feitas desde então constituem a matéria-prima que o Projeto Genoma Humano trabalha.

É um tanto inadequado, contudo, chamar as coleções de ADN clonado de "bibliotecas", ainda que essa denominação se tenha tornado corrente entre os biólogos moleculares. As enzimas de restrição apenas cortam um ADN humano em pedaços, sem oferecer nenhum meio de identificar sequer os cromossomos de que poderiam ter vindo. Não fornecem um catálogo ou sistema de referência. Antes que se possa fazer pleno uso da biblioteca, é preciso descobrir que genes estão contidos em cada fragmento e em que ordem os fragmentos se encaixam entre si para compor a seqüência de ADN ao longo do cromossomo. Para solucionar esse último problema, faz-se necessário um "mapa físico" do genoma. Ele será muito diferente do mapa dos padrões de bandas dos cromossomos discutidos no capítulo anterior. Uma abordagem, conhecida como mapa contig, tira proveito do fato de que os fragmentos produzidos por uma digestão parcial do genoma humano com diferentes enzimas de restrição irão sobrepor-se uns aos outros — fragmentos contíguos que se sobrepõem são chamados de "contigs".

Conceitualmente, fazer um mapeamento contig é algo como fotocopiar uma biblioteca muitas vezes, dividindo cada uma das duplicatas de biblioteca de maneira praticamente aleatória para em seguida comparar todas as diferentes pilhas de livros assim formadas, pertencentes a todas as bibliotecas, e ver quais delas têm alguns volumes em comum. Na prática, persistem muitas dificuldades técnicas na construção de mapas contig, mesmo parciais, que abranjam todo o genoma humano.

A biblioteca original de Maniatis continha cerca de 1 milhão de clones: é claro que é extremamente difícil classificar 1 milhão de fragmentos e tentar dispô-los em seqüência. Os vetores — os ADNs que os transportavam — usados de início para fazer bibliotecas de genes só aceitavam trechos relativamente curtos de ADN, com até cerca de 50 mil pares de bases. Em 1987 Maynard Olson e seus colaboradores, trabalhando na Universidade Washington, em St. Louis, conseguiram contornar esse problema. Desenvolveram um meio de introduzir várias centenas de milhares de pares de bases de ADN num cromossomo artificial que se replicava em células de levedura. Esses "cromossomos artificiais de levedura" (YACs, de "*yeast artificial chromosomes*") tornaram-se o burro de carga de todo o mapeamento de ADN, pois permitem dividir grandes genomas num número relativamente pequeno de fragmentos, facilitando a tarefa de classificá-los. Seu desenvolvimento foi um dos avanços técnicos que tornaram possível o mapeamento e o seqüenciamento do genoma humano.

A possibilidade de distinguir um fragmento de ADN de outro é crucial para o mapeamento de genomas. A própria estrutura de duplo filamento do ADN proporciona um meio para a identificação de fragmentos. Um filamento de ADN e seu parceiro complementar se emparelham um com o outro, de modo a reconstituir a hélice dupla, num processo conhecido como "hibridização". Assim, um único filamento de ADN pode atuar como uma "sonda" extremamente sensível na procura de um filamento complementar em meio a uma mistura de ADNs. A sonda vai ignorar fragmentos que têm uma seqüência diferente de pares de bases. Métodos de identificação de fragmentos de ADN que usam esse princípio permeiam toda a tecnologia do ADN recombinante e as técnicas de mapeamento físico dos genes.

Obter a sonda que vai identificar um gene particular é a parte mais difícil do processo. Em uns poucos casos isso é relativamente fácil. Por exemplo, glóbulos vermelhos do sangue em desenvolvimento fazem pouca coisa além de fabricar hemoglobina. Isso significa que os genes da hemoglobina estão sendo transcritos num ritmo frenético em ARN mensageiro. Qualquer ARN extraído da célula conterá grandes quantidades do ARN mensageiro correspondente aos genes da alfa- e da beta-globina. É possível isolá-lo, marcá-lo radiativamente e usá-lo diretamente como sonda. Muito mais útil, porém, é a técnica de primeiramente transcrever o ARN mensageiro (ARNm) para ADN, usando a enzima transcriptase reversa. Essa enzima — descoberta independentemente por Howard Temin, da Universidade de Wisconsin, e David Baltimore, do Instituto de Tecnologia de Massachusetts (MIT) — usa um ARN de um só filamento como molde para a construção de um filamento complementar de ADN. Ela é extraída de retrovírus, um tipo de vírus de ARN que precisa da transcriptase reversa para fazer a transcrição para ADN, que é introduzido no ADN da célula hospedeira.

Quando ARNms extraídos de uma célula são misturados à transcriptase reversa e aos nucleotídeos necessários — os tijolos do ADN —, um filamento complementar de ADN se forma ao longo de cada ARN. Quando se usam nucleotídeos radiativos, obtém-se um ADN marcado radiativamente que pode em seguida ser usado como sonda. A conversão de ARNms em ADN complementar (ADNc) por esse processo permite também que as mensagens genéticas neles contidas sejam clonadas, como qualquer outro ADN. Assim, a mistura original de ARNms extraídos de uma célula pode ser totalmente transformada em ADNc, para posterior isolamento dos tipos individuais e sua multiplicação em grande escala por meio de clonagem.

Quando se sabe pelo menos alguma coisa sobre os aminoácidos que compõem a proteína codificada pelo gene, é possível construir artificialmente uma sonda genética pela aplicação reversa do código genético: a seqüência de códons do gene é deduzida a partir da seqüência de aminoácidos da proteína. Essa abordagem também tem seus inconvenientes, já que em geral mais de um códon pode dar origem a um aminoácido, embora haja maneiras de minimizar esse problema. Freqüentemente, contudo, nada se sabe sobre a seqüência da proteína. Um meio engenhoso de contornar essa dificuldade é usar a apurada sensibilidade do sistema imune para provocar o surgimento de anticorpos contra a proteína, usar esses anticorpos para identificar a proteína enquanto ela ainda está sendo fabricada e, assim, isolar o complexo composto pela proteína parcialmente formada, seu ARN mensageiro e a maquinaria celular que produz a proteína. Em seguida, o ARNm pode ser isolado e usado como base para a fabricação de uma sonda de ADNc. Há outros métodos ainda mais complexos e engenhosos, o que não impede que a detecção de um gene específico em meio aos 3 bilhões de pares de bases do ADN humano continue sendo uma tarefa hercúlea.

A identificação de sondas de ADN associadas a genes específicos permite aos pesquisadores localizar a região de um cromossomo em que um gene reside. Havendo grande quantidade do ADN disponível, a técnica da hibridização é capaz de identificar diretamente a localização de um gene. Sondas contendo o gene são misturadas a cromossomos desnaturados — os híbridos de células somáticas de homem e camundongo descritos no capítulo anterior proporcionam uma forma conveniente de obter cromossomos humanos individuais para essa "hibridização *in situ*". Mais uma vez, se as sondas forem marcadas radiativamente, os pesquisadores podem identificar, a partir de um filme de raio X exposto à radiatividade, qual foi o cromossomo humano a que a sonda se ligou. Mais recentemente, substâncias químicas fluorescentes passaram a ser usadas para destacar a posição da sonda, processo mais rápido e conveniente que a radiografia. Essa técnica tem relação com o exame das bandas dos cromossomos, discutido no capítulo anterior, pois é possível distinguir dentro de qual das bandas do cromossomo a sonda de ADN foi hibridizada, o que vem acrescentar mais detalhes ao mapa físico em grande escala do genoma humano.

Todos os mapas físicos mencionados até agora são de escala razoavelmente grande e só são capazes de localizar com uma sonda um gene ou um trecho de ADN associado de maneira aproximada. No fim das contas, o mapa físico de mais alta resolução que se pode obter do genoma humano é a própria seqüência de pares de bases. O final da década de 70 assistiu a um avanço técnico fundamental que torna isso possível. Em 1977 Fred Sanger, na Grã-Bretanha, e Walter Gilbert e Allan Maxam, nos Estados Unidos, desenvolveram independentemente métodos para a leitura rápida da seqüência de pares de bases em qualquer trecho de ADN. Os geneticistas haviam acalentado esse sonho durante décadas, desde que a estrutura do ADN fora descoberta e o código genético, decifrado. Ninguém pôde, contudo, começar a resolver o problema do seqüenciamento rápido e fácil de longas extensões de ADN antes que fosse possível obter um suprimento reproduzível de pequenos fragmentos identificáveis que depois pudessem ser reunidos. As enzimas de restrição, a eletroforese em gel e a clonagem de ADN permitiram isso.

Em 1977 Sanger e seus colegas, em Cambridge, anunciaram ter seqüenciado com seu método o ADN completo, isto é, todos os 5.577

pares de bases, de um fago conhecido como $\phi$X174. Na verdade, esse não foi o primeiro ADN a ser inteiramente seqüenciado. No ano anterior um grupo de pesquisadores belgas havia concluído a seqüência de ARN de outro fago — o $MS^2$ —, mas tinha levado 15 anos para fazê-lo, tendo de recorrer a métodos incrivelmente trabalhosos. Segundo um editorial publicado em 1980 na revista *Nature*, os métodos desenvolvidos por Sanger e Gilbert significavam que "agora o seqüenciamento de $MS^2$ passaria a não ser mais que um simples projeto de tese de doutorado". Sanger e Gilbert foram contemplados cada um com a quarta parte do Prêmio Nobel de química daquele ano, tendo Paul Berg recebido a outra metade. (Sanger já havia recebido o Prêmio Nobel de 1958 por seu trabalho sobre a insulina; em 1980 ele se tornou um dos raros cientistas a receber o Prêmio Nobel duas vezes.) A essa altura, o seqüenciamento de ADN tornara-se banal; na década de 80 o processo foi automatizado por Leroy Hood, do Instituto de Tecnologia da Califórnia. Atualmente essas máquinas estão à venda no comércio e são equipamento-padrão em qualquer laboratório que se ocupe de análise do ADN. No momento, consideráveis esforços estão sendo dedicados ao mapeamento e seqüenciamento do genoma da *E. coli* (cerca de 4,7 milhões de pares de bases), da drosófila (cerca de 165 milhões de pares de bases) e do verme nematódeo *Caenorhabditis elegans* (cerca de 100 milhões de pares de bases). Um dos objetivos da análise desses genomas simples é usá-los como modelos para o modo de proceder ao seqüenciamento do genoma humano, muito mais complexo.

Em meados da década de 80, tornou-se disponível uma técnica radicalmente nova que permite produzir bilhões de cópias de um único fragmento de ADN, sem o incômodo e a complicação de introduzi-lo num vetor por meio de engenharia genética e multiplicá-lo em bactérias. Surpreendentemente, a enzima utilizada na nova técnica — conhecida como reação em cadeia da polimerase (PCR, de *polymerase chain reaction*) — também era extraída de bactéria e fora descoberta quase 30 anos antes, sem que seu potencial tivesse sido plenamente avaliado. Em 1956, na Universidade Washington, em St. Louis, Missúri, um grupo liderado por Arthur Kornberg isolou da *E. coli* essa enzima, hoje chamada de ADN polimerase 1, que é capaz de reconstituir uma hélice dupla de ADN em tubo de ensaio, incorporando a um único filamento de ADN as bases complementares que constituem o filamento complementar. (A enzima de Kornberg não é, contudo, a que promove a duplicação da hélice dupla do ADN quando a célula está se dividindo; é lenta demais, e há outras enzimas para fazer isso.) Tudo o que é preciso é que a seqüência de pares de bases que flanqueia o segmento de interesse seja conhecida, de modo a que os cientistas possam fazer o processo de cópia iniciar-se no lugar certo. Foi essa técnica que Ed Mayall usou no teste para verificar se eu possuía o gene mutado para fibrose cística (FC). Em primeiro lugar, ele pôs numa centrífuga a solução salina que eu cuspira de volta no frasco de amostra, fazendo-a girar a 4 mil voltas por minuto, durante cinco minutos. Com isso, todos os resíduos sólidos — contendo alguns milhares de células da parede interna de minha bochecha — acumularam-se num ponto desbotado no fundo do tubo. Em seguida removeu com água esse resíduo, dispersou-o novamente em solução salina e o fez ferver por meia hora numa solução de hidróxido de sódio. Esse tratamento um tanto drástico tem o efeito de provocar o rompimento das células e a liberação do ADN. Meia hora a cerca de 90°C desnatura o ADN — isto é, separa um do outro os filamentos gêmeos da molécula de hélice dupla. Usando um *kit* diagnóstico que incorpora a PCR, Mayall produziu então centenas de milhões de cópias do gene FC de meu ADN.

O procedimento demanda cerca de quatro horas e é simples: adicione as substâncias bioquímicas apropriadas e ponha a mistura numa máquina especial. Os reagentes químicos custam umas duas libras e o preço da máquina é mais ou menos a metade do de uma fotocopiadora comercial de escritório. A PCR usa um único filamento de ADN como molde e reconstrói a hélice dupla costurando-lhe um filamento complementar. Em seguida, a hélice dupla é desnaturada por aquecimento e os dois novos filamentos isolados funcionam como moldes para duas novas hélices. A cada ciclo, duplica a quantidade de ADN. Para superar o problema de o calor necessário para separar os filamentos de ADN inativar também a polimerase de Kornberg, tornando necessário acrescentar novas enzimas a cada ciclo, os cientistas da Cetus, onde a PCR foi desenvolvida, inventaram uma solução muito simples. Agora eles usam polimerase de ADN isolada de uma bactéria que vive em fontes quentes e que permanece estável e ativa a temperaturas elevadas.

Para dar início à reação, Mayall pegou metade de minha amostra de ADN e adicionou alguns "iniciadores" [*primers*] — pequenos trechos de ADN, feitos pela Cellmark, a companhia que fabrica o *kit*, e cuja seqüência de bases é idêntica a parte do gene da FC. Esses iniciadores aderem ao local apropriado de minha amostra de um único filamento de ADN e, em seguida, a PCR acrescenta novos pedacinhos de ADN à extremidade do iniciador, até que uma cópia complementar do gene se complete. Se eu fosse portador de uma mutação, os iniciadores para o gene intacto não se ligariam adequadamente ao meu ADN e a reação não ocorreria. À segunda amostra, Mayall acrescentou iniciadores que continham sabidamente uma mutação: se eu a possuísse, a reação se desenvolveria, mas se meu gene estivesse intacto, ela se frustraria.

Depois de a máquina ter passado por 35 ciclos de aquecimento e resfriamento, tínhamos centenas de milhões de cópias de meu gene FC. Apesar disso, os tubos de ensaio não pareciam diferentes a olho nu. A essa altura, a técnica da eletroforese em gel foi posta em ação. Uma hora depois tínhamos um padrão de fragmentos de ADN que revelariam a presença ou ausência de quaisquer mutações. Comparada aos métodos incertos e toscos de análise dos cromossomos humanos a que se teve de recorrer por tanto tempo no período do pós-guerra, a PCR é de fato uma tecnologia poderosa. Os problemas morais ligados à utilização desse poder e à aplicação de testes à população em geral para detectar defeitos genéticos por esse processo serão discutidos no Capítulo 6.

Uma das primeiras descobertas feitas com a aplicação das novas técnicas baseadas no ADN recombinante para o estudo do ADN foi que o genoma humano (como muitos outros) é muito mais complicado do que se supunha. Em 1977, quando estudavam o adenovírus — um vírus que causa infecções respiratórias no homem —, duas equipes de pesquisadores, uma dirigida por Phillip Sharp, no MIT, e outra por Richard Roberts, no Laboratório Cold Spring Harbor, descobriram que os genes desse vírus eram interrompidos por "seqüências intervenientes" que não se traduziam em proteína. De início, a notícia causou espanto na comunidade científica, mas em seguida os íntrons — como essas seqüências intervenientes logo passaram a ser chamadas — começaram a aparecer por toda parte: não só em outros vírus como no ADN de galinhas, coelhos e seres humanos. A única classe de organismos vivos em que praticamente não se conhecem genes assim interrompidos é a das bactérias. Em geral, as bactérias têm seus genes muito bem embalados, cada par de bases desempenhando seu papel como uma letra que integra as instruções para a fabricação de uma proteína. O ADN de plantas e animais é muito mais pródigo. Dentro de um gene há geralmente um ou mais íntrons sem nenhuma função de codificação de proteína e que o maquinismo bioquímico das células tem de eliminar antes de poder traduzir o gene numa proteína (os blocos de ADN que contêm instruções de codificação são atualmente conhecidos como éxons). Quando um gene é expresso, é copiado integralmente em ARN, mas as partes sem significado são eliminadas de modo a fornecer um ARNm funcional que o maquinismo de fabricação da proteína possa traduzir.

O comprimento total dos íntrons dentro de um gene pode ser muito maior que o das regiões codificadoras. O gene que contém as instruções para a deaminase adenosina (ADA) abrange cerca de 32 mil pares. Mas a receita propriamente dita, as regiões codificadoras do gene, se estende por apenas cerca de 1.500 pares de bases no todo. Há 11 íntrons interrompendo a seqüência codificadora. E o gene da ADA é de tamanho médio comparado a outros: o gene implicado na distrofia muscular Duchenne abrange mais de 2 milhões de pares de bases de ADN, embora a região codificadora se estenda provavelmente por 17 mil pares de bases. Há cerca de 50 íntrons nesse gene.

Embora os íntrons não tenham nenhuma função, uma mutação num íntron pode ter efeitos drásticos. Uma pequena mudança em determinadas posições pode desorientar o maquinismo que exclui os íntrons, redundando na fabricação da proteína errada, ou de nenhuma. Parece haver um mecanismo geral para assinalar o fim de uma seqüência codificadora e o início de uma seqüência interveniente: os íntrons parecem sempre começar com as bases GT e terminar com AG. Se ocorresse, porém, uma mutação nesses pares, o íntron não seria eliminado. Vários tipos de talassemia resultam da destruição da fronteira éxon/íntron e da resultante não-produção de uma das globinas.

Afora os íntrons, o ADN humano contém muitas outras seqüências estranhas e aparentemente desprovidas de função. Poder-se-ia pensar que a quantidade de ADN contida num genoma estaria relacionada com a complexidade biológica do organismo. Uma bactéria tem apenas cerca de 4,5 milhões de pares de bases em seu genoma, ao passo que uma única cópia do genoma humano tem cerca de 3 bilhões. Mas o ADN do rato contém o mesmo número de pares de bases que o ADN humano, se não mais, e o da salamandra contém um número 30 vezes maior: nada menos que 90 bilhões de pares de bases. Plantas podem ter grandes genomas: o milho tem cerca de 15 bilhões de pares de bases e o lírio, aproximadamente o mesmo número que a salamandra, 90 bilhões.

Sabendo-se que três bases formam um códon e que os códons correspondem a aminoácidos, é possível calcular aproximadamente, a partir do tamanho da molécula de uma proteína, de quantas bases a célula precisa para fabricá-la. O tamanho médio de uma molécula de proteína leva à estimativa de que, no homem, o gene médio deveria estender-se por cerca de mil pares de bases. Como se avalia que um ser humano não tem mais que 100 mil genes ativos, deveria haver no máximo, no genoma humano, cerca de 100 milhões de pares de bases. Ora, na verdade o número é 30 vezes maior. Ao que parece, não mais de cerca de 3 a 5% do genoma humano contêm efetivamente instruções para a fabricação de proteínas. Parte do restante tem um papel na regulação da atividade dos genes, ligando-os e desligando-os, ao passo que outras porções são importantes na organização da estrutura do ADN e na replicação. A maior parte do ADN humano — cerca de 90% — parece, no entanto, não ter absolutamente nenhuma função.

Assim, no final da década de 70, os pesquisadores viram-se diante de um paradoxo: naquela década haviam sido criadas tecnologias para a análise do ADN que tornavam possível pensar em identificar a seqüência exata de todas as pares de bases do genoma humano. Ao que parecia, porém, grande parte dessa seqüência nada teria para lhes dizer. O esforço valeria a pena?

A imagem bem arrumada do genoma humano apresentada nos capítulos anteriores, como uma biblioteca contendo entre 50 mil e 100 mil livros, precisa ser revista. Como já se observou, a biblioteca contém duas edições de cada livro e, fisicamente, divide-se em 46 compartimentos separados, que correspondem aos cromossomos. A maior surpresa talvez seja, porém, que a biblioteca tem cerca de 30 vezes mais livros do que se poderia esperar, a maioria deles completamente sem sentido. E, ao que parece, os genes não podem de modo algum ser representados como livros: tudo indica que se assemelham mais a fragmentos de texto, não correspondendo sequer a capítulos isolados, mas se espalhando de maneira praticamente aleatória dentro de livros muito maiores: breves fragmentos de clareza num deserto de ausência de significado.

Esse quadro mais realista do genoma humano mostra apenas o quanto são enormes as dificuldades com que se defrontam os que se dedicam à busca de genes específicos envolvidos em doenças e o quanto é enorme a tarefa enfrentada pelos que pretendem mapear e seqüenciar de todo o genoma humano. O objetivo final do Projeto Genoma Humano é ler cada letra de cada palavra na biblioteca constituída pelo genoma humano — aí incluídos os imensos volumes de textos sem sentido — para obter o conjunto completo de instruções que permitem formar um ser humano. Uma forma diferente de avaliar a magnitude do empreendimento é considerar o Projeto Genoma Humano como algo semelhante ao recenseamento de todos os seres humanos que vivem hoje na Terra. Os biólogos estão confiantes não só de que podem realizar esse censo, mas de que são capazes de fazer o equivalente a registrar o endereço completo de cada indivíduo e suas relações com outros membros de sua família.

## 5

# O Projeto Genoma Humano

Nancy Wexler trabalha num pequeno escritório do Instituto Psiquiátrico vinculado ao Centro Médico Presbiteriano da Universidade Columbia, localizado na extremidade não-elegante de Manhattan. As paredes do corredor, do lado de fora de sua sala, estão cobertas com amplas árvores genealógicas que detalham a linhagem, ascendência e parentesco de famílias de pescadores do lago Maracaibo, na Venezuela. Todo mês de março, a Dra. Wexler toma um avião e passa cinco ou seis semanas nesse país para colher mais dados. Atualmente ela tem informações sobre mais de 11 mil pessoas incluídas nas árvores genealógicas que está montando desde 1979: delas, 9 mil ainda estão vivas, a maioria com menos de 40 anos. Cerca de 650 das crianças são portadores pré-sintomáticos do defeito genético que leva à coréia de Huntington.

As aldeias situadas em volta do lago Maracaibo têm a maior incidência conhecida da coréia de Huntington no mundo, e a informação obtida junto a essas pessoas sobre seus laços de parentesco, conjugada com a análise de seus genes, levou ao desenvolvimento de um teste capaz de detectar o gene da coréia de Huntington muito tempo antes da manifestação de qualquer sintoma. O interesse de Nancy Wexler por essa pesquisa é maior que o do cientista neutro: sua mãe morreu de coréia de Huntington. Ao sofrimento e angústia de testemunhar a doença da mãe, acrescentou-se o conhecimento de que, por conseqüência, ela própria corria o risco de ter herdado o gene defeituoso que causa esse mal.

A coréia de Huntington é uma degeneração, invariavelmente fatal, do sistema nervoso central. É causada por um defeito num único gene e se instala mesmo quando a pessoa herda apenas uma cópia com essa falha. Trata-se de um defeito genético "dominante": todos os seus portadores desenvolvem a doença. Uma vítima muito conhecida desse mal foi o cantor folclórico americano Woody Guthrie, que o herdou da mãe, também vitimada por ele. A coréia de Huntington é uma doença torturante, em que a vítima se sacode em movimentos involuntários causados pela progressiva degeneração dos nervos; ao final, conduz à demência e à morte. Mata, mas lentamente: Guthrie ingressou no hospital em 1954, mas só veio a morrer em 1967. Há mais uma crueldade nessa doença: ela só se instala quando a vítima tem perto de 40 anos ou até mais, altura da vida em que esta pode já ter tido filhos, que teriam cada um 50% de probabilidade de ter herdado a doença.

A genética clássica teve pouco impacto sobre a coréia de Huntington, além de identificá-la como doença monogênica dominante. Não se mostrara possível situar o gene responsável num cromossomo particular e ninguém tinha idéia alguma de qual era de fato a alteração bioquímica que ocorria no corpo. As novas técnicas genéticas desenvolvidas na década de 70 acabaram permitindo, porém, identificar o cromossomo em que se situa o gene da doença de Huntington e desenvolver um teste baseado no ADN para diagnosticar sua presença, embora no momento em que escrevo nem o próprio gene nem o defeito bioquímico subjacente à doença tenham ainda sido identificados.

As técnicas usadas para investigar a genética molecular da coréia de Huntington são as mesmas utilizadas, no âmbito do Projeto Genoma Humano, na tentativa de mapear a totalidade do genoma. Uma delas recebeu o nome impronunciável de polimorfismo do comprimento do fragmento de restrição (conhecida pela abreviatura RFLP, de *restriction fragment length polymorphism*).

Em 1978 e 1979 estudos mostraram que, quando uma enzima de restrição é aplicada ao ADN de diferentes pessoas, o comprimento dos fragmentos de ADN produzidos geralmente diferem de um indivíduo para outro. Comparando-se os mesmos fragmentos do mesmo trecho de ADN de dois indivíduos, verificava-se que os de um tinham o dobro do comprimento ou mais que os de outro. Há duas explicações para essa variação. Uma é que, num ponto do ADN em que uma pessoa tem um sítio de reconhecimento para que a enzima de restrição faça o corte, outra tem uma mutação em seu ADN que altera a seqüência de bases e a torna irreconhecível pela enzima. A outra é que algumas pessoas têm trechos de ADN mais longos que outras entre dois sítios de corte da enzima de restrição. Isso é decorrência da presença de números variáveis de curtas seqüências repetidas de ADN. O resultado é que o ADN humano varia de pessoa para pessoa, a tal ponto que, em áreas não-ocupadas por genes, cerca de um em cada 500 pares de bases difere. Essa variação, conhecida como "polimorfismo", é inofensiva nesses casos, pois ocorre fora dos próprios genes, mas é herdada da mesma forma que estes. A conseqüência é um polimorfismo facilmente detectável no comprimento dos fragmentos seccionados pela enzima de restrição, e esses polimorfismos do comprimento dos fragmentos de restrição (RFLPs) constituem a chave da nova era da análise genética.

No final da década de 70, o geneticista britânico sir Walter Bodmer e sua colega americana Ellen Solomon, então trabalhando na Inglaterra, estavam analisando a relação dos RFLPs com distúrbios hereditários da hemoglobina — as hemoglobinopatias (por exemplo, a anemia falciforme). Em 1979 publicaram na revista *The Lancet* um artigo em que esboçavam um modo de usar os padrões de comprimento dos fragmentos como marcadores da presença ou ausência de determinadas variantes genéticas. Dado que o ser humano herda duas cópias de cada cromossomo, uma da mãe e outra do pai, uma sonda para um trecho específico de ADN identificaria duas cópias do ADN de uma pessoa — a materna e a paterna. Com freqüência, esses fragmentos apresentarão considerável diferença de comprimento, indicando a presença de um RFLP. Se o geneticista puder ter acesso também ao ADN dos pais, poderá descobrir qual deles possuía qual das variantes. O padrão de comprimento do fragmento de restrição serve como uma impressão digital para aquele trecho específico de ADN, permitindo aos geneticistas rastrear sua transmissão ao longo de gerações. Caso se verifique que a presença do RFLP no ADN está invariavelmente associada à presença de um gene defeituoso, tal como deduzida a partir do exame da linhagem genética, ele pode passar a ser usado para detectar a presença do gene aberrante, mesmo que se continue desconhecendo a localização exata desse gene, sua identidade e natureza.

O mesmo raciocínio ocorreu a pesquisadores nos Estados Unidos e, em julho de 1980, um desenvolvimento mais amplo da idéia foi publicado no *American Journal of Human Genetics*. Consta que David Botstein, do Instituto de Tecnologia de Massachusetts, e

Ronald Davis, da Universidade Stanford, na Califórnia, teriam tido a idéia ao mesmo tempo, em 1978, quando participavam de um seminário sobre genética nas montanhas próximas a Salt Lake City, Utah. O seminário fora organizado por Mark Skolnick, um geneticista de populações da Universidade de Utah. Nessa época, a genética humana ainda estava muito concentrada no estudo de grande número de pessoas proximamente aparentadas, na tentativa de rastrear a transmissão de determinada característica através de várias gerações de uma família. Os amplos registros genealógicos mantidos pela igreja Mórmon de Utah, conjugados à tendência dos mórmons a ter famílias numerosas, representavam um tesouro de dados para os especialistas em genética humana.

O detalhado trabalho experimental que provou a viabilidade da idéia de usar RFLPs como marcadores genéticos foi desenvolvido por Ray White, da Escola de Medicina da Universidade de Massachusetts. Os quatro americanos logo se deram conta de que finalmente poderiam detectar com facilidade pontos de referência espalhados por todo o genoma humano, tendo assim um meio de mapear genes humanos com relação a esses referenciais. O aspecto decisivo dos RFLPs é que os marcadores não precisam estar dentro de um gene, basta que marcador e gene estejam suficientemente próximos um do outro no cromossomo para que ambos sejam sempre transmitidos conjuntamente para os filhos.

Ali estava, finalmente, uma ferramenta que permitiria aos pesquisadores examinar a variação entre indivíduos, não mediante a investigação de alguma óbvia característica física ou traço bioquímico (o fenótipo), que podem não refletir plenamente a verdadeira constituição genética (o genótipo), nem pela procura das proteínas expressas pelos genes, mas pela análise direta do próprio ADN.

Essas novas técnicas de análise genética, somadas à colaboração das famílias venezuelanas, tornaram possível pensar pela primeira vez em capturar o gene da coréia de Huntington. Wexler e seus colegas convenceram as populações de pescadores do lago Maracaibo a fornecer pequenas amostras de sangue, que eram enviadas por avião ao laboratório de James Gusella, no Hospital Geral de Massachusetts, em Boston. Nancy Wexler e seus colegas geneticistas rastrearam a transmissão da coréia de Huntington através das grandes famílias venezuelanas e, em Boston, os biólogos moleculares puseram-se a procurar, através do ADN retirado das amostras de sangue, um padrão característico de comprimento dos fragmentos de restrição que estivesse presente no ADN das pessoas em que a doença já fora diagnosticada, e ausente no daquelas indiscutivelmente livres da doença. Esperavam com isso identificar marcadores genéticos que seriam herdados juntamente com o gene aberrante, estando pois ausentes do ADN dos portadores da variante normal. Em 1983 conseguiram encontrar esse padrão e finalmente puderam vinculá-lo ao cromossomo número 4. Verificou-se que algumas pessoas que não manifestavam nenhum sintoma da coréia de Huntington também exibiam o RFLP característico — e mais tarde elas apresentaram a doença. A técnica havia provado seu poder de predição e o gene estava situado no cromossomo 4. Foi o primeiro triunfo da "genética reversa" — a procura no ADN humano de padrões capazes de indicar uma futura doença muito antes de seus sintomas se manifestarem.

Finalmente havia técnicas disponíveis para se iniciar a tarefa hercúlea de mapear as posições dos genes e dos marcadores genéticos no genoma humano, para depois decifrar a seqüência de instruções genéticas escritas na própria matéria do ADN.

As primeiras iniciativas ligadas ao Projeto Genoma Humano foram tomadas nos Estados Unidos, que desde então têm desenvolvido o programa com melhor financiamento e coordenação. Por esse motivo, a gênese do Projeto Genoma Humano americano será descrita com alguns detalhes. Em 1984 o biólogo molecular Robert Sinsheimer propôs a idéia da criação de um instituto para o seqüenciamento do genoma humano na Universidade da Califórnia em Santa Cruz, da qual era diretor. Deveria ser um projeto prestigioso, cuja idéia fora inspirada por outro projeto: a construção de um telescópio astronômico ao custo de muitos milhões de dólares. Naquele ano, a Universidade da Califórnia recebera 36 milhões de dólares para construir um telescópio de dez metros de diâmetro no observatório Lick. E esse não era o único projeto científico milionário sob consideração na época. Físicos empenhados no estudo dos constituintes fundamentais da matéria — as partículas elementares — estavam começando uma campanha de levantamento de verbas para construir um imenso acelerador de partículas, o *superconducting supercollider*, ou SSC, cujo custo fora avaliado em bilhões de dólares. Muitos Estados e universidades estavam ansiosos por atrair um projeto tão lucrativo para seu território — e o professor Sinsheimer era membro da equipe californiana. No fim das contas, o SSC foi para o Texas e o plano do grande telescópio deu em nada, mas a idéia de que a biologia podia ser uma ciência em larga escala se instalara na imaginação de Sinsheimer. "Ficara assim evidente para mim que físicos e astrônomos não hesitavam em pedir grandes somas de dinheiro para financiar os programas que lhes pareciam essenciais para o avanço de sua ciência", disse ele mais tarde à revista britânica *New Scientist*. Além disso, um instituto para o seqüenciamento do genoma humano teria o atrativo adicional de conferir a Santa Cruz o mesmo prestígio acadêmico de que desfrutavam os campi mais renomados da Universidade da Califórnia: o de Berkeley e o de Los Angeles.

Em maio de 1985, Sinsheimer promoveu uma reunião de cerca de uma dúzia dos mais destacados biólogos moleculares dos Estados Unidos para discutir como esse objetivo poderia ser alcançado. Como relatou Norton Zinder, professor de genética molecular na Universidade Rockefeller, de Nova York, que mais tarde presidiria um comitê consultivo do Projeto Genoma Humano:

> De início, quase todos os cientistas presentes à reunião de 1985 estavam extremamente céticos. Duas posições diametralmente opostas foram expressas. Uma era que não descobriríamos o suficiente para compensar o grande e dispendioso esforço a ser empreendido. Esse sentimento baseava-se em parte na possibilidade de cerca de 90% do genoma humano não ter função alguma (...). Um pensamento relacionado a esse sustentava que um amplo programa de ciência aplicada representaria uma distorção no modo como opera a ciência. Do outro lado, havia os que pensavam que iríamos descobrir coisas demais. A possibilidade de acesso ao genoma humano abre um número infinito de novas razões para discriminação genética por empregadores e companhias de seguros; poderia até inspirar medidas eugênicas de caráter nazista. No mínimo, o número de genes conhecidos se multiplicaria várias vezes e haveria ainda um longo hiato entre o momento da identificação do gene de uma doença e aquele em que o tratamento poderia estar disponível.

As questões que Zinder identifica nesse ensaio publicado na revista *Scientific American* de julho de 1990 dominam até hoje as discussões sobre o Projeto Genoma Humano. No fim das contas, o projeto de um instituto do genoma em Santa Cruz jamais se realizou, mas a idéia de que era preciso fazer um esforço coordenado para mapear e seqüenciar os genes humanos começou a ganhar força. Um de seus entusiastas era o biólogo Renato Dulbecco, ganhador do Prêmio Nobel. No outono de 1985, ele defendeu o seqüenciamento do genoma humano num discurso feito no Laboratório Cold Spring Harbor, em Nova York. Isso despertou a atenção do diretor do laboratório, James Watson.

Independentemente dos esforços de Sinsheimer em Santa Cruz, o Departamento da Energia dos Estados Unidos começou a se interessar pela idéia. Isso pode parecer um pouco estranho, mas acontece que o departamento sempre se interessou pela genética humana e pelas mutações em razão de seus programas nucleares militares e civis. No fim da Segunda Guerra Mundial, o governo e o Congresso dos Estados Unidos decidiram confiar a produção das armas nucleares do país não aos militares do Pentágono, o Ministério da Defesa dos Estados Unidos, mas a um órgão civil, Comissão de Energia Atômica. A comissão tornou-se responsável não apenas pelo projeto e produção de armas nucleares, mas também pelo desenvolvimento da energia nuclear civil. Nesse último papel, era responsável tanto pela promoção da energia nuclear civil como pela regulamentação da segurança de usinas nucleares. Em meados da década de 70, percebeu-se que esses dois papéis eram conflitantes, e assim a Comissão de Energia Atômica foi dividida. Fundou-se uma Comissão de Controle Nuclear, encarregada de supervisionar a segurança, e a nova Administração de Pesquisa e Desenvolvimento em Energia (Energy Research and Development Administration — ERDA) foi dotada de amplo mandato para investigar outras formas de energia além da nuclear. A ERDA metamorfoseou-se rapidamente no Departamento da Energia, que conservou a responsabilidade tanto pelo projeto e produção de armas nucleares como pela segurança dos reatores e outros processos usados na produção dessas armas. Assim, durante a maior parte do período do pós-guerra, o Departamento da Energia e seus predecessores tinham tido interesse pela genética humana em razão da necessidade de compreender os efeitos da radiação sobre os seres humanos e seus genes. Uma das principais técnicas usadas nesse trabalho é o exame visual de cromossomos na busca de quaisquer anormalidades induzidas pela radiação. Em 1983 os dois principais laboratórios de desenvolvimento de armas nucleares, situados em Los Alamos e Lawrence Livermore, começaram a trabalhar num Projeto de Biblioteca Genética. Os laboratórios tinham se envolvido com novas técnicas para a separação e classificação de cromossomos — em particular, a técnica conhecida como "análise citogenética de fluxo". Nela, os cromossomos são misturados com marcadores fluorescentes. Como diferentes cromossomos retêm diferentes quantidades dos marcadores, é possível distingui-los uns dos outros dirigindo feixes de laser para os cromossomos marcados e medindo a quantidade de marcador que cada um absorveu. Em 1986 essa abordagem já tinha conseguido distinguir todos os cromossomos, exceto o 10 e o 11. Em fevereiro do mesmo ano, os laboratórios estatais já haviam também formado uma biblioteca de fragmentos de ADN humano.

O Departamento da Energia tem um órgão, a Agência de Pesquisa em Saúde e Meio Ambiente (Office of Health and Environmental Research — OHER), encarregado de supervisionar seu trabalho de segurança no campo da radiação. Em 1986 Charles DeLisi, chefe do OHER, começou a promover a idéia de que o departamento devia assumir um papel maior nas modernas abordagens da genética através da nova biologia molecular. Ele reconheceu que o seqüenciamento do genoma humano seria um grande projeto e indicou que o Departamento da Energia, com seus dois importantes laboratórios de armas nucleares, tinha bastante prática na administração de grandes projetos científicos. No momento em que foram feitas, essas propostas provavelmente surpreenderam: a Guerra Fria tornara-se mais intensa por volta daquela época e os Estados Unidos estavam empenhados em construir e testar mais armas nucleares; além disso, o presidente Reagan estava promovendo a idéia de um sistema de defesa do gênero "guerra nas estrelas", contra ataques nucleares, que iria envolver os laboratórios em intenso trabalho de desenvolvimento de novos tipos de armas atômicas.

Ao fim e ao cabo, porém, a Iniciativa de Defesa Estratégica deu em quase nada e os acontecimentos na Europa do Leste eliminaram grande parte das justificativas políticas para um amplo programa de armamento nuclear. Mesmo sem o colapso da União Soviética, é pouco provável que a agenda de Reagan tivesse podido manter-se. Na década de 90, os laboratórios de armas estão engajados num enérgico esforço de autopreservação mediante a diversificação do trabalho relacionado com armas. Pode ser que DeLisi tenha intuído que, apesar das aparências daquele início da década de 80, os tempos áureos da ciência e da tecnologia nucleares estavam chegando ao fim, e que aquele era o momento apropriado para uma guinada rumo à biologia molecular. Em março de 1986, o Departamento da Energia organizou um grande encontro científico em Santa Fé, Novo México, para discutir as idéias de DeLisi. O encontro apoiou entusiasticamente a idéia do seqüenciamento do genoma humano e o departamento assumiu a liderança. Embora o seqüenciamento do genoma humano seja um empreendimento caro, os custos das etapas iniciais são relativamente modestos e, com seu fácil acesso a grandes volumes de dinheiro, o departamento avançou rapidamente no terreno da genética humana.

Assim, em meados de 1986 criou-se uma situação complicada nos Estados Unidos. A melhor informação biológica seria a proveniente de um mapa do genoma humano, mas quase toda a ênfase recaíra sobre o trabalho muito mais árduo e dispendioso do seqüenciamento. Além disso, estavam envolvidas duas distintas comunidades de cientistas. De um lado, os biólogos moleculares das universidades e outros institutos de pesquisa das ciências da vida tendiam naturalmente a recorrer aos NIH, que canalizam a maior parte das verbas federais para a pesquisa biomédica; os NIH, porém, pareciam hesitantes e relutantes em embarcar numa empreitada tão gigantesca. De outro lado, o Departamento da Energia possuía grandes laboratórios estatais, bem-equipados e bem-financiados, dando a impressão de poder arcar com todos os custos do Projeto Genoma Humano apenas com as pequenas sobras de seus orçamentos para projeto e desenvolvimento de armas nucleares.

Alguns biólogos moleculares de grande destaque opunham-se a qualquer idéia de seqüenciamento do genoma humano. Um número ainda maior receava permitir que o Departamento da Energia assumisse a liderança do projeto. Ao longo dos anos de 1986 e 1987 o debate inflamou-se. O Instituto Whitehead, em Massachusetts, onde se realizara grande parte do trabalho de mapeamento do genoma, tornou-se um foco de oposição ao projeto de seqüenciamento. David Baltimore, ganhador do Prêmio Nobel e na época diretor do Whitehead, escreveu na revista *Science*: "A idéia está ganhando força. Arrepio-me ao pensar nisso." David Botstein, também do Whitehead, que fora um dos co-autores do artigo original que lançara, em 1980, as bases do modo de construção do mapa do genoma humano, somou sua voz à dos desconfiados. Em junho de 1986, cerca de três meses depois do encontro promovido pelo Departamento da Energia em Santa Fé, o Laboratório Cold Spring Harbor organizou um simpósio sobre a "Biologia Molecular do *Homo sapiens*". Botstein disse ali que começar a seqüenciar o genoma humano naquele momento seria "como se Lewis e Clark tivessem avançado para o

Pacífico um milímetro de cada vez. Se o tivessem feito, até hoje o estariam procurando." Outro cientista, Robert Weinberg, disse à *New Scientist*: "Estou surpreso por ver maiores de idade serem surpreendidos falando sobre tal coisa em público. Isso é um disparate." Mas essa oposição não ficou confinada à Costa Leste. James Walsh, da Universidade do Arizona, e Jon Marks, da Universidade da Califórnia em Davis, escreveram na *Nature*: "Seqüenciar o genoma humano seria mais ou menos tão útil quanto traduzir as obras completas de Shakespeare em caracteres cuneiformes, só que menos viável e mais difícil de interpretar."

O que preocupava os cientistas eram o tamanho e o custo do esforço que estaria envolvido no seqüenciamento do genoma humano. Poucos negavam que, em última análise, o mapeamento e o seqüenciamento do genoma humano seriam um grande avanço para as ciências da vida, mas muitos tinham dúvidas quanto ao melhor caminho para se chegar ao destino pretendido. Num editorial da revista americana *Science*, o editor Daniel Koshland expôs a argumentação favorável a um projeto genoma em termos muito simples: "A principal razão por que a pesquisa em outras espécies é tão vigorosamente apoiada pelo Congresso é sua aplicabilidade aos seres humanos. Portanto, a resposta óbvia quando se pergunta se o genoma humano deve ser seqüenciado é: 'Sim. Por que a pergunta?'" Mas a biologia não tinha tradição naquela espécie de ciência em larga escala a que físicos e astrônomos já estavam acostumados. Watson e Crick tinham decifrado a estrutura do ADN trabalhando num minúsculo gabinete do Laboratório Cavendish, em Cambridge; e, no final da década de 50, Crick ainda tinha de trabalhar num abrigo de bicicletas adaptado, situado no pátio dos fundos do laboratório.

Embora instrumentos e aparelhos se tivessem tornado mais sofisticados (e igualmente mais caros) ao longo dos anos, a biologia molecular conservava o caráter de ciência de tipo caseiro. Grandes institutos consistiam em pequenos grupos, cada um fazendo seu trabalho em seus próprios laboratórios — numa grande unidade, o que atraía era a conversa e a discussão com outros biólogos, a troca de idéias, não uma divisão semi-industrial do trabalho. A biologia nunca vira grandes empreendimentos, como o Projeto Manhattan, que reuniu milhares de cientistas e engenheiros para a construção da bomba atômica durante a Segunda Guerra Mundial, nem estava acostumada à divisão do trabalho científico praticada por astrônomos e físicos, que permitia a um estagiário de pesquisa, por exemplo, desempenhar o mais ínfimo papel num empreendimento cooperativo, como construir um detector para outra pessoa usar num experimento. A biologia molecular ainda tinha muito de ciência individual e muitos praticantes temiam que ela perdesse esse estilo, a que já estavam habituados. Pois praticamente ninguém duvidava de que a tarefa de seqüenciar o genoma humano iria exigir um imenso volume de trabalho, em grande parte enfadonho e repetitivo. Enquanto o trabalho mecânico de obter a seqüência estivesse sendo feito, quem ainda teria tempo ou energia para interpretar o significado biológico dos resultados?

Uma segunda preocupação, mais mundana, era o dinheiro. O seqüenciamento do genoma humano seria caro e as verbas para o projeto viriam provavelmente da mesma fonte que as destinadas ao restante da biologia molecular. Walter Gilbert, o físico convertido em biólogo molecular que inventou uma das maneiras de seqüenciar o ADN, estimava o preço em cerca de um dólar a base. Isso significaria um gasto de 3 bilhões de dólares ao longo de cerca de 15 anos para o seqüenciamento de todos os 3 bilhões de pares de bases do genoma humano. O projeto de seqüenciamento iria precisar, portanto, de um financiamento distinto, ou as pesquisas já em andamento — que muitas vezes rendiam um resultado biológico mais imediato — seriam prejudicadas na competição por verbas. A revista *Science* publicou um editorial propondo que o Departamento da Energia devia de fato custear toda a aventura, para evitar drenar dinheiro dos NIH e dos cientistas por eles financiados.

Em 1986, porém, James Watson já começara a se convencer de que a tentativa de chegar ao genoma humano era desejável e viável. Estava convencido também de que o projeto não podia ficar entregue à organização burocrática do Departamento da Energia, devendo ser dirigido por cientistas e orientado pelas necessidades já detectadas da ciência. Isso significava que os NIH tinham de ser envolvidos. Watson rejeitou os argumentos apresentados pelo departamento de que cabia a ele ser a organização condutora do projeto como "forçada e falsa".

A essa altura a discussão e o debate tinham alcançado um tal clímax que várias investigações separadas sobre a questão estavam em andamento. Uma iniciativa politicamente poderosa foi tomada quando a Agência de Avaliação Tecnológica, órgão do Congresso dos Estados Unidos, criou uma força-tarefa para examinar o que estava se passando. Outras inspeções foram realizadas pelo próprio

Departamento da Energia e pelo Instituto Médico Howard Hughes. Mas o passo decisivo foi dado quando o Conselho Nacional de Pesquisas (National Research Council — NRC) decidiu investigar a questão. Esse conselho é o braço operacional das Academias Nacionais de Ciência e de Engenharia dos Estados Unidos e, como tal, fala em nome da comunidade científica com mais autoridade do que talvez qualquer outra organização do país. Ele se reuniu em Woods Hole, Massachusetts, em agosto de 1986, e instituiu então um comitê investido de grandes poderes para examinar os termos do debate. O estudo do NRC virou o projeto de cabeça para baixo, enfatizando os benefícios do atlas genético — do mapeamento do genoma humano prévio ao trabalho de seqüenciamento dos pares de bases. Reiterou as estimativas informais prévias do custo do empreendimento, indicando que o êxito exigiria verbas anuais de cerca de 200 milhões de dólares ao longo de 15 anos. O relatório sublinhou também a importância do estudo dos genomas de outros organismos além do humano, para se poder interpretar o significado biológico dos dados humanos. Por óbvios motivos éticos, é impossível fazer experimentos em genética humana. Ninguém pode pensar em modificar deliberadamente uns dois pares de bases no ADN humano só para ver o que acontece. Há menos problemas éticos envolvidos em experimentos que envolvam genes de, digamos, bactérias. O comitê do NRC afirmou que:

> Para extrair os maiores benefícios de uma seqüência do genoma humano, será necessário possuir uma ampla base de dados de seqüências de ADN do camundongo (cujo genoma tem o mesmo tamanho do humano) e de organismos mais simples, com genomas muito menores, como bactérias, leveduras, *Drosophila melanogaster* (a mosquinha da fruta) e *Caenorhabditis elegans* (um verme nematódeo) (...). Para ter êxito, portanto, esse projeto não deve ficar restrito ao genoma humano; ao contrário, deve incluir ampla análise seqüencial dos genomas de outras espécies selecionadas.

Realizar análise desse tipo significava mais que duplicar o volume de trabalho a ser feito. Watson reivindicou para si o mérito pela ampliação do âmbito do projeto. Foi, disse ele mais tarde à *New Scientist*, "minha mais importante contribuição ao projeto como um todo".

Enquanto o eminente grupo de cientistas estava finalizando seu relatório, votava-se a destinação de verbas federais para financiar a pesquisa do genoma humano através dos NIH. Em dezembro de 1987 destinaram-se 17,2 milhões de dólares ao trabalho dos NIH. Paralelamente, o Departamento da Energia recebeu cerca de 12 milhões de dólares para sua pesquisa do genoma humano. A essa altura, o Departamento perdera seu mais notório defensor do trabalho com o genoma — Charles DeLisi deixara sua função de diretor da Agência de Pesquisa em Saúde e Meio Ambiente naquele ano — e sua participação no projeto genoma declinaria progressivamente dali por diante.

Os relatórios do Conselho Nacional de Pesquisas e da Agência de Avaliação Tecnológica foram ambos publicados em 1988. Em fevereiro desse ano o então chefe dos NIH, James Wyngaarden, convocou outra reunião. Realizada em Reston, Virgínia, ela foi presidida por David Baltimore, que anteriormente criticara toda a idéia de seqüenciamento do genoma. Mas o trabaho do NRC deslocara a motivação básica do programa do seqüenciamento para o mapeamento e da acumulação de dados brutos para a compreensão biológica (através do estudo de genomas de outras espécies). A reunião de Reston transformou a atitude dos NIH e fixou metas precisas para o programa.

No início de maio de 1988, Wyngaarden convidou Watson para assumir a responsabilidade de dirigir a pesquisa do genoma humano nos NIH. Watson aceitou o cargo e mais tarde deu a seguinte justificativa: "Percebi que seria minha única oportunidade de deixar minha vida científica abranger o caminho que vai da hélice dupla aos 3 bilhões de degraus do genoma humano." Sua designação, segundo Norton Zinder, produziu "um salto qualitativo na credibilidade do programa". Assim, em 1º de outubro de 1988, Watson foi nomeado diretor associado para a Pesquisa do Genoma Humano, nos Institutos Nacionais de Saúde, com um orçamento de mais de 28,2 milhões de dólares — cerca de 10 milhões de dólares a mais que o orçamento do Departamento da Energia para pesquisa do genoma naquele ano. No mesmo dia, os NIH e o Departamento assinaram um memorando de acordo sobre formas de cooperação entre os dois órgãos no tocante à pesquisa do genoma. Nesse momento, o Projeto Genoma Humano dos Estados Unidos foi plenamente lançado — e sob o comando evidente dos NIH, e não do Departamento da Energia.

Depois da designação de Watson em 1988, a pesquisa do genoma humano ficou de ínicio sob a égide do Instituto Nacional de Ciências Médicas Gerais, cuja chefe, Ruth Kirschstein, expressara anteriormente oposição à idéia de um programa voltado para a análise do genoma humano. A Divisão de Pesquisa do Genoma começou com uma equipe de duas pessoas, além de Watson. Em menos de um ano, contudo, já se expandira, transformando-se no Centro Nacional para a Pesquisa do Genoma Humano, independente do Instituto Nacional de Ciências Médicas Gerais e com controle do próprio orçamento. Em outubro de 1989, este já se elevará a quase 60 milhões de dólares — mais que o dobro da dotação do Departamento da Energia, de 28 milhões de dólares. Em 1990 a equipe do centro crescera para 30 pessoas e seu orçamento para cerca de 108 milhões de dólares. Enquanto isso, as verbas liberadas pelo Departamento da Energia cresciam bem menos rapidamente, tendo somado apenas 46 milhões de dólares no mesmo ano.

Watson era especialmente franco ao defender o projeto e o papel de comando que cientistas, e não administradores ou burocratas, deviam exercer em seu desenvolvimento. Em 1988 ele causou consternação ao propor que a maneira mais eficaz de dar início ao projeto seria dividir os cromossomos entre diferentes países e diferentes laboratórios. Consta que teria dito numa entrevista coletiva que, já que o cromossomo 1 era o maior (demandando, por implicação, maior trabalho para menor retorno), "nós o daremos à União Soviética". Provocou ainda mais alvoroço internacional quando sugeriu que os dados científicos obtidos no projeto dos Estados Unidos poderiam ser negados aos cientistas japoneses, caso o governo do Japão não financiasse um programa nacional de pesquisa do genoma humano da mesma proporção do americano. Dois anos mais tarde, em artigo publicado na revista *Science*, Watson mostrou-se mais circunspecto, mas ainda havia farpas sob sua conversa mansa. Lemos ali: "A idéia de que os vários cromossomos humanos serão divididos entre os vários laboratórios contraria o senso comum de hoje." Assinalou, porém, que "só existem amplos e múltiplos esforços de mapeamento global para o cromossomo 21, o menor dos cromossomos humanos, que contém, entre outros, um gene que provoca maior susceptibilidade à doença de Alzheimer (...). Ao que eu saiba, o número de investigadores que desejam fazer mapas físicos de alta resolução, completos, de um cromossomo específico não chega a dez. Nosso verdadeiro problema talvez seja convencer equipes competentes a se concentrar nos cromossomos que ainda não têm patrocinadores." Em outras palavras, ainda haveria alguma pressão para convencer pessoas a se engajarem na tarefa de mapear cromossomos completos. Do mesmo modo, os aspectos internacionais do projeto eram expressos em linguagem um pouco mais diplomática, mas ainda contundente:

> O compartilhamento desde o início dos dados sobre o ADN humano tem muito maior probabilidade de ocorrer se os esforços de mapeamento e seqüenciamento em grande escala forem empreendidos por todas as grandes nações industriais que desejarão usar esses dados. É cedo demais para perguntar o que deveríamos fazer se identificássemos um ou mais países que, embora tendo poder econômico para participar do esforço, claramente não o pretendam fazer, nutrindo antes a esperança de tirar proveito da informação assim que ela se tornar publicamente disponível. Não me agrada sequer considerar tal possibilidade, já que o Congresso e o público tenderão a reagir com o desejo de nos fazer mudar para uma abordagem mais nacionalista da ciência. Essa alternativa contraria as tradições que me permitiram admirar e apreciar a vida científica. As nações do mundo precisam entender que o genoma humano pertence à população do mundo, não às suas nações.

Mas a seqüência propriamente dita estava, e ainda está, muito longe de ser alcançada. Depois de um ímpeto inicial de entusiasmo em meados da década de 80, ficou evidente que as técnicas disponíveis eram demasiado lentas e onerosas para que valesse a pena iniciar de imediato o seqüenciamento de todos os 3 bilhões de pares de bases do genoma humano. No verão de 1989, num refúgio em Cold Spring Harbor, representantes dos NIH, do Departamento da Energia e outros especialistas convidados traçaram um programa qüinqüenal para o Projeto Genoma Humano dos Estados Unidos. A essa altura, o custo do seqüenciamento do ADN era de dois a cinco dólares por par de bases e os participantes excluíram a idéia do seqüenciamento do genoma humano em grande escala até que o custo caísse a não mais de 50 centavos de dólar por par de bases. Eles observaram também que talvez não fosse suficiente desenvolver e aperfeiçoar os métodos existentes de seqüenciamento do ADN: "Portanto, abordagens inteiramente novas do seqüenciamento do ADN serão também incentivadas." O relatório conjunto resultante desse encontro, "Compreendendo Nossa Herança Genética — O Projeto Genoma Humano dos Estados Unidos: Os Primeiros Cinco Anos", foi encaminhado ao Congresso em fevereiro de 1990. Ele atualizou os relatórios do Conselho Nacional de Pesquisas e da Agência de Avaliação Tecnológica, de cerca de dois anos antes, e fixou metas específicas para a pesquisa a ser feita até 1995. Diante disso, fica claro que a seqüência do genoma humano certamente não estará disponível até mais de meio século depois da elucidação da estrutura do ADN.

Como qualquer explorador que se aventura em território desconhecido, os cientistas desejosos de embarcar na grande aventura do seqüenciamento do genoma humano decidiram, em primeiro lugar, munir-se de mapas. O Projeto Genoma Humano se dividirá em duas etapas, consistindo a primeira delas em compilar um mapa do genoma humano. De fato, serão compilados dois mapas, refletindo a dualidade entre os genes e a química do ADN. Um deles será um mapa genético, que relacionará entre si os genes conhecidos ou os marcos genéticos; já o outro será um mapa físico, que relacionará entre si as seqüências de ADN conhecidas. A primeira meta estabelecida para o programa americano por esse encontro em Cold Spring Harbor foi a elaboração de um mapa genético completo com marcadores separados por dois a cinco centimorgans (ver Capítulo 4). Não há equivalência exata entre a distância genética medida em centimorgans e a distância física medida em pares de bases, mas um centimorgan representa, em média, cerca de 1 milhão de pares de bases. Os membros do grupo avaliaram que seriam necessários de 600 a 1.500 marcadores para compor um mapa genético como esse — na etapa final, para um mapa completo do genoma humano, serão necessários cerca de 3 mil marcadores bem distribuídos.

À primeira vista, o mapeamento pode parecer mera etapa preliminar, que fornecerá muito menos informação que a seqüência propriamente dita. Mas essa é uma falsa percepção. A importância do mapa foi reconhecida muito cedo, tendo sido apenas obscurecida pelo entusiasmo que reinou durante meia década em torno do seqüenciamento. Nas palavras de Samuel Ajl, vice-presidente da March of Dimes Birth Defects Foundation, dos Estados Unidos, numa palestra feita em novembro de 1979: "O mapa genético é a imagem interna da espécie, sua parte imortal. O mapa genético pode dizer-nos não apenas onde estão os genes, mas por que estão ali." Mais recentemente, o historiador da biologia contemporânea Horace Freeland Judson escreveu que se a seqüência era, por assim dizer, o terreno a ser mapeado, a seqüência é, em si mesma, seca e pobre em informações — uma fileira quase infindável de A, T, G, C, sem nenhuma ordem previsível. Mas os mapas nunca são o território mapeado. São abstrações feitas a partir do território, deixando muita coisa de fora; e têm marcações, as características do terreno são identificadas. Todo território natural gera muitos mapas diferentes e as diferenças decorrem dos objetivos com que os mapas são traçados. O mapa político difere do mapa rodoviário, que difere do mapa de recursos naturais tal como visto por satélites mapeadores, e assim por diante. No entanto, todos os mapas têm uma característica geral em comum: a abstração e a rotulação estabelecem um conjunto de relações. Em suma, ao omitir grande parte do território, o mapa ganha poder explanatório. Sendo menos que a seqüência, os mapas do genoma serão muito mais do que ela.

O segundo objetivo era construir um mapa puramente físico do genoma. Isso envolve essencialmente montar os fragmentos de ADN humano contidos numa "biblioteca" em sua ordem correta — dispô-los na ordem em que aparecem no próprio cromossomo. Esses conjuntos de clones de ADN que se sobrepõem são chamados de "contigs". A idéia era elaborar um mapa dessa maneira, com marcadores a intervalos de cerca de 100 mil pares de bases.

Os pesquisadores americanos enfatizaram também a necessidade de aperfeiçoar a tecnologia do seqüenciamento do ADN de modo a baixar o preço dos atuais cinco dólares o par de bases para cerca de 50 centavos de dólar. Pretendiam aperfeiçoar as técnicas existentes e aplicá-las ao seqüenciamento de trechos contíguos de ADN que contivessem um total de até cerca de 10 milhões de pares de bases. Esses planos para o projeto americano dedicaram também plena atenção ao genoma do camundongo e de outros organismos-modelo. Outras metas incluíam o desenvolvimento de arquivos e programas de computador capazes de processar o fluxo de dados que serão finalmente gerados pelo trabalho de mapeamento e seqüenciamento, a formação de mais pesquisadores em nível de doutorado e pós-doutorado para participar do trabalho, o incentivo a estreitas relações de trabalho com a indústria e a facilitação da transferência de técnicas da academia para a comunidade médica e o comércio.

O programa do genoma humano americano é de longe o mais prodigamente financiado e está gerando esmagadora proporção dos artigos publicados sobre o tema nas revistas científicas internacionais. Em segundo lugar, em termos tanto de financiamento como de produtividade científica, está o programa britânico, concebido em circunstâncias bem menos públicas que o americano, traço característico da diferença cultural entre os dois países de língua inglesa. Funcionários e cientistas graduados que trabalham no Conselho de Pesquisas Médicas (Medical Research Council — MRC) do Reino Unido acompanhavam com crescente desconforto o desenvolvimento de novas técnicas genéticas nos Estados Unidos e passaram a temer que os cientistas britânicos (e, ao fim e ao cabo, talvez a indústria farmacêutica britânica) ficassem para trás e sujeitos a não ter acesso aos frutos desse trabalho, ou a ter de pagar um alto preço por eles. Entre as técnicas cujo desenvolvimento acompanhavam, estavam os cromossomos artificiais de leveduras e a eletroforese em gel de campo pulsante.

Sydney Brenner, sul-africano de origem e uma das figuras de maior destaque na biologia molecular britânica, convenceu o MRC de que devia buscar financiamento do governo para criar um programa especial de pesquisa do genoma humano. Nessa época, por volta de 1987/8, as verbas para a pesquisa científica básica eram muito acanhadas, mas mesmo assim um pedido de mais dinheiro foi encaminhado ao prestigioso comitê conhecido como Comitê Assessor dos Conselhos de Pesquisa, composto por eminentes cientistas, que determina a distribuição de todas as verbas que o governo destina à ciência. Essa junta consultiva recomendou a destinação ao MRC de verbas do orçamento para a ciência, a serem aplicadas na pesquisa do genoma humano. Mais ou menos na mesma época, a idéia chegou ao conhecimento da então primeira-ministra Margaret Thatcher, e arrebatou-lhe a imaginação.

O governo britânico é aconselhado também por outro pequeno comitê, o Conselho Assessor de Ciência e Tecnologia (Advisory Council on Science and Technology — ACOST), integrado pelo que há "de bom e do melhor" tanto no campo da ciência pura como na indústria tecnológica, e que ocasionalmente era presidido pela própria primeira-ministra. Apesar desse nível de interesse, o ACOST, cujas reuniões e relatórios são absolutamente secretos, foi extremamente improdutivo e, pelo pouco que se sabe, os conselhos que deu ao governo foram, em sua maioria, completamente ignorados. Ao que parece, contudo, conseguiu reforçar nesse caso a decisão, já tomada pelo Comitê Assessor dos Conselhos de Pesquisa, de implantar o projeto genoma inglês. Em 1988 um dos membros do ACOST,

Keith Peters, professor da Universidade de Cambridge, que vinha trabalhando em íntima colaboração com Brenner, propôs ao ACOST a idéia de um programa especial sobre o genoma humano. Com o apoio da primeira-ministra, o programa de pesquisa proposto pelo MRC foi rapidamente assegurado e, pelo menos por alguns anos, está praticamente livre da disputa por verbas do orçamento para a ciência. O montante de dinheiro destinado ao programa parece modesto — cerca de 5,9 milhões de libras em 1992 —, mas é suplementado por outras verbas vindas do próprio conselho, o que eleva o total a cerca de 20 milhões de libras.

Os britânicos decidiram que, com seus recursos modestos, não deveriam tentar duplicar a abordagem americana, pois ficariam inevitavelmente em segundo lugar em qualquer corrida direta. Em vez disso, decidiram concentrar-se na análise do ADN ativo — o que é realmente expresso e transformado em proteína. Como se observou no Capítulo 3, cerca de 90% do genoma humano parecem não desempenhar papel algum na especificação de proteínas. Em vez de tentar abrir caminho em meio a todo esse ADN "inútil", os britânicos, sob a instigação de Brenner, concluíram que seria mais compensador concentrar-se no chamado ADN complementar, ou ADNc. Quando uma célula fabrica uma proteína, primeiro transcreve o gene relevante em ARN mensageiro, que leva a informação genética do núcleo até o maquinismo de fabricação de proteína, no citoplasma da célula. Antes que comece a síntese de proteína, o ARN tem removidos os seus íntrons, as seqüências intervenientes de informação "inútil". A idéia de Brenner foi puxar o ARN mensageiro livre de íntrons para fora da célula e usar a enzima transcriptase reversa para fazer uma cópia complementar da seqüência em ADNc. Desse modo, os pesquisadores obteriam apenas a seqüência "útil" — a que codifica a proteína.

Essa abordagem envolve dois problemas. Um é a imensa dificuldade técnica de discriminar os milhares de ARNs mensageiros que existem numa célula para pinçar um tipo particular. Além disso, o que se quer pode estar presente em quantidades muito pequenas em relação a outras moléculas mais abundantes de ARN. O segundo problema é de um tipo ligeiramente diferente. Ninguém tem realmente certeza de que parte do ADN "inútil" não pode, afinal, estar atendendo a algum propósito biológico; na realidade, é mais por tradição que por uma profunda percepção biológica que se descartam 90% do genoma humano como inteiramente inútil.

Há certamente indícios de que os íntrons — as seqüências intervenientes de ADN que não são transcritas no ARN mensageiro e, portanto, não contribuem para a síntese de proteína — podem ter desempenhado um papel na evolução. Os íntrons fazem com que um gene se espalhe por uma extensão de ADN maior do que a ocupada por genes bacterianos análogos e, assim, aumentam a probabilidade de recombinação entre um gene e outro quando dois cromossomos fazem permutações. Desse modo, aumentam a taxa em que um organismo poderia "inventar" novas proteínas, mas, como o ponto de recombinação será em geral no meio de um íntron, a probabilidade de uma estrutura protéica prejudicialmente aberrante fica reduzida. Os genes do ADN humano que especificam a hemoglobina contêm o que talvez seja um exemplo de evolução em curso. Dentro do aglomerado de genes que contêm as receitas para diferentes hemoglobinas usadas no curso do desenvolvimento do embrião e do feto humano, há seqüências "pseudogênicas", que parecem muito semelhantes aos genes da globina, mas não dão origem a ARNm e nem, portanto, à proteína. Essas seqüências podem ser antigos genes que foram mutados, de modo que já não têm função, ou podem representar regiões que estão evoluindo para alguma nova função — não se sabe qual dos dois é o caso. É possível que esse material desempenhe de fato outros papéis importantes, até agora insuspeitados, que só serão descobertos quando o ADN "inútil" for seqüenciado.

Uma vez que uma concentração dos esforços exclusivamente no ADNc poderia significar a perda de algo muito importante, os britânicos têm uma segunda meta: seqüenciar o genoma inteiro, não de algo tão complicado como o ser humano, mas de um organismo mais simples, que possa servir de "modelo" para o primeiro. Se o ADN "inútil" tem de fato algum propósito, talvez este seja elucidado a partir do seqüenciamento de uma criatura mais simples. Além disso, as tecnologias que precisam ser desenvolvidas para a execução do seqüenciamento mesmo do genoma de um organismo mais simples poderão ser transportadas para o de outros mais complexos, como o humano. O organismo-modelo escolhido pelos britânicos foi o verme nematódeo microscópico *Caenorhabiditis elegans*. Mais de 20 anos atrás, Sydney Brenner propôs que essa poderia ser a criatura ideal para o estudo do desenvolvimento desde o ovo até o animal adulto. O verme é pequeno — tem cerca de um milímetro de comprimento — e possui um esquema corporal muito simples. Reproduz-se cerca de uma vez a cada três dias — sempre uma vantagem para pesquisadores que tentam estudar os efeitos de mutações — e é muito prolífero, gerando cada um cerca de 300 descendentes. O melhor de tudo, porém, é que o verme é completamente transparente, o que significa que o crescimento de seus tecidos internos pode ser visto ao microscópio óptico. Nas duas últimas décadas, o Dr. John Sulston, do Laboratório de Biologia Molecular, em Cambridge, dirigiu a pesquisa que rastreou o desenvolvimento e a linhagem de cada uma das 945 células do nematódeo, fazendo dele um dos organismos mais exaustivamente estudados no mundo. Era natural, portanto, passar do estudo do nematódeo em nível celular para sua análise em nível genético. Esse projeto é desenvolvido em colaboração com o Projeto Genoma Humano americano. O trabalho está sendo realizado conjuntamente por Sulston, no Laboratório de Biologia Molecular, em Cambridge, e pelo Dr. Bob Waterston, da Universidade Washington, em St. Louis. A persistir o ritmo atual, contudo, o mero seqüenciamento completo do genoma do verme demandará quase uma década.

A França tem duas instituições que estão eclipsando rapidamente os esforços britânicos no campo do genoma humano. Em 1984 foi criado o Centro de Estudos do Polimorfismo (Centre d'Etude du Polymorphisme — CEPH), em colaboração com os Estados Unidos, financiado em parte por fundos privados e pelo Ministério da Pesquisa e Tecnologia da França. Sob a direção de Jean Dausset, ganhador do Prêmio Nobel, o CEPH coleta amostras de referência de células cultivadas retiradas de membros de famílias humanas extensas. A maior parte do mapa genético atual foi elaborada com a matéria-prima fornecida pelo CEPH. Mais de 60 grandes famílias da França, Pensilvânia, Utah e Venezuela compõem agora o painel de referência. O orçamento total do CEPH em 1990 foi de cerca de 40 milhões de francos (aproximadamente 7,2 milhões de dólares). O segundo grande projeto da França é o Genethon, que abriu seus novos laboratórios em Evry, perto de Paris, no final de 1990. É financiado pela Fundação Distrofia Muscular, com dinheiro levantado mediante campanhas anuais pela televisão — a realizada em 1990 angariou mais de 330 milhões de francos. Seu objetivo é trabalhar em estreita colaboração com o CEPH na coleta de mais amostras de famílias e no mapeamento de genes ligados a doenças. A abordagem centrada no ADNc é preferida em toda a Europa, e a França também está seguindo essa linha de pesquisa. As verbas governamentais destinadas à pesquisa do genoma humano somam cerca de 100 milhões de francos por ano (aproximadamente 18 milhões de dólares), mas o governo financia também a pesquisa genética geral com mais cerca de 150 milhões de francos anuais (cerca de 27 milhões de dólares). Entre outros países europeus, a Dinamarca, a Itália e a Alemanha têm iniciativas governamentais ligadas ao genoma, embora não tão ambiciosas ou bem coordenadas como as da Grã-Bretanha e da França. A Dinamarca deu importante contribuição internacional, pois, tal como a França, compilou amostras de famílias de referência. Cerca de 9 mil a 10 mil indivíduos estão representados no banco de células do país, mas as famílias dinamarquesas são menores que as pesquisadas pelo CEPH.

Entre as nações industrializadas, o Japão é de longe a que mais tardou a implantar um programa coordenado de pesquisa do genoma humano. Algumas das razões para isso podem ser culturais e fundadas em atitudes características adotadas no Japão com relação às doenças hereditárias. Se é verdade que as implicações do Projeto Genoma Humano vão atingir, no fim das contas, todas as pessoas e abranger um campo muito mais amplo que o do diagnóstico e tratamento das doenças genéticas, não é menos verdade que grande parte do entusiasmo nos Estados Unidos, por exemplo, veio de indivíduos (como Nancy Wexler) e de grupos de apoio que têm interesses pessoais em doenças hereditárias específicas. Esses grupos pressionam as instituições médicas e científicas a investigar a doença. No Japão, ao contrário, há poucos desses grupos de pressão, talvez porque as doenças hereditárias sejam mais estigmatizadas. Além disso, os japoneses tendem a ter famílias pequenas, o que torna muito mais difícl a investigação de características hereditárias. Até recentemente, afora doenças como a coréia de Huntington, em relação à qual 40 famílias haviam sido investigadas no âmbito de um projeto coordenado de pesquisa, apenas médicos locais estavam engajados na pesquisa de doenças hereditárias.

De fato, o Japão aspira a ter um grande papel na pesquisa do genoma. Tem adotado, contudo, uma abordagem muito cautelosa, despendendo apenas somas relativamente pequenas em estudos preparatórios para a realização de seminários, a revisão das pesquisas já em andamento no país e o incentivo à colaboração entre pesquisadores. Desde 1981 está em andamento um projeto de desenvolvimento de tecnologia conhecido como RIKEN, para produzir um seqüenciador automatizado de ADN, mas o progresso tem sido lento. Uma das dificuldades na avaliação do programa genoma japonês, e ela é comum a toda a ciência no Japão, é a existência de uma perturbadora pletora de diferentes ministérios governamentais envolvidos no financiamento de suas diferentes partes, nem sempre sendo fácil perceber se há alguma coordenação entre eles. O Ministério da Educação, Ciência e Cultura, a Secretaria de Ciência e Tecnologia, o Ministério da Saúde e do Bem-Estar e o Ministério do Comércio e da Indústria Internacionais têm todos algum envolvimento. Além disso, uma vez que se trata do Japão, há considerável interesse no genoma do arroz, pesquisa que vem sendo financiada pelo Ministério de Agricultura, Florestas e Pesca.

Desde as primeiras manifestações do interesse internacional pelo projeto genoma — tendo muitas nações sido consideravelmente motivadas pelo desejo de não ficar a reboque dos americanos no maior projeto na área da biologia — tornou-se clara a necessidade de algum foro internacional. Em 1988, num encontro realizado em Cold Spring Harbor, pesquisadores resolveram criar a Organização do Genoma Humano (Hugo, de Human Genome Organization) para coordenar os esforços internacionais e tentar minimizar duplicações e superposições. A chefia ficou a cargo do geneticista americano Victor McKusick, que foi sucedido pelo diretor britânico do Fundo Imperial para Pesquisa sobre o Câncer, sir Walter Bodmer. O quartel-general da organização fica em Genebra, mas seus escritórios estão em Londres, Bethesda e Osaka. A Hugo começou trabalhando com verbas de grandes organizações filantrópicas, como o Wellcome Foundation Trust, da Grã-Bretanha. A organização, porém, teve dificuldade em se distinguir e, não dispondo de nenhum recurso próprio para financiamento de pesquisa, parece fadada à improdutiva atividade de dar conselhos que ninguém é obrigado a pôr em prática.

A fragilidade da cooperação internacional e a influência exercida sobre a ciência por eventos políticos aparentemente irrelevantes ficaram patentes por ocasião da Guerra do Golfo, em 1991. O Arquivo Internacional de Dados sobre o Genoma reside em computadores de Baltimore, e muitos cientistas europeus fazem amplo uso de um conjunto de programas chamado "Pacote Wisconsin" para análise computadorizada do ADN. Mas, por motivos difíceis de entender, o Departamento do Comércio dos Estados Unidos impôs um embargo ao acesso aos programas de computador por não-americanos — evidentemente, na crença de que os programas poderiam ser úteis a alguém engajado num projeto de guerra biológica. Embora essa suspeita seja completamente sem fundamento, os NIH demoraram algum tempo para conseguir a suspensão do embargo.

Em meados de 1991, os projetos de cooperação internacional receberam outro golpe, mais grave, quando foi anunciado que os NIH estavam tentando patentear as seqüências de ADN descobertas por seus pesquisadores. A questão tornava-se ainda mais crítica pelo fato de as seqüências em questão serem de genes expressos no cérebro, de tal modo que o governo americano se tornaria não só proprietário de parte do genoma humano, mas teria obtido patente de parte do cérebro humano.

Uma complicação adicional era que ninguém sabia que genes essas seqüências continham, muito menos suas funções. Uma das dificuldades que o pesquisador encontra no trabalho com o genoma humano (ou de qualquer outro genoma) é certificar-se de que o fragmento de restrição com que está trabalhando é o mesmo que foi isolado por um outro pesquisador, de tal modo que ambos possam comparar os resultados. Para suprir essa necessidade de um sistema comum de referência, pesquisadores americanos propuseram que os fragmentos do genoma fossem identificados por "sítios de seqüência rotulados". A idéia é simples: alguém que isole o que supõe ser um novo fragmento do ADN humano deve seqüenciar parte dele — um trecho com extensão suficiente para permitir uma identificação inconfundível. Ninguém imaginava, no entanto, que se iriam extrair, praticamente ao acaso, fragmentos de células do cérebro ou de qualquer outro lugar para em seguida requerer uma patente da seqüência que os identifica.

A questão suscitou uma acalorada controvérsia nos Estados Unidos, em especial quando veio a público que os NIH decidiram dar esse passo sem nada comunicar a James Watson, chefe de seu próprio Centro Nacional para a Pesquisa do Genoma Humano. Watson opôs-se inflexivelmente à idéia, pois percebia que ela impossibilitaria o livre fluxo de informações científicas, tornando mais difícil a colaboração internacional e impedindo o progresso. Em vez de publicar abertamente seus dados nos periódicos científicos, todos passariam a escondê-los até conseguir protegê-los com patentes, e ninguém mais saberia o que os outros estariam fazendo. Levada ao extremo, essa atitude poderia significar que cada país teria de seqüenciar por si próprio todo o genoma humano, em segredo, torcendo para que as partes que houvesse identificado já não tivessem sido patenteadas por outros.

A questão assumiu caráter internacional e político, com protestos em nível de governo na Grã-Bretanha e na França. Os franceses consideravam que os genes humanos simplesmente não podiam ser protegidos por qualquer patente. Os britânicos, como de costume, tentaram uma solução conciliatória. Sua posição era que seqüências genéticas "sem nenhuma utilidade conhecida" (como as seqüências aleatórias que os americanos estavam tentando patentear) não deveriam ser protegidas por patentes e ninguém deveria tentar patenteá-las. Por outro lado, seqüências com função conhecida (o gene mutante da fibrose cística, por exemplo) poderiam ser patenteadas. O governo britânico fez um adendo: embora se opusesse ao registro como patente de seqüências sem utilidade conhecida, patentearia todos os resultados que já obtivera caso os americanos persistissem.

A cooperação internacional foi novamente ameaçada no início de 1992, quando uma companhia privada americana tentou atrair John Sulston de Cambridge para os Estados Unidos. A área específica em que o seqüenciamento está mais avançado é a do verme nematódeo, em que trabalham Sulston, em Cambridge, e Waterston, em St. Louis. Eles desenvolveram, além de técnicas de seqüenciamento, instrumentos para a análise computadorizada de dados e formas de organização do trabalho que terão inestimável valor para a tarefa em maior escala de seqüenciamento do genoma humano. Todos esses desenvolvimentos foram levados a cabo com financiamento público. A companhia privada, que deveria instalar-se em Seattle, queria que tanto Sulston como Waterston se incorporassem a ela, levando consigo todo o conhecimento tecnológico construído ao longo dos anos, o que a credenciaria como empresa prestadora de serviços de seqüenciamento de genes. Quando o projeto genoma americano se voltasse para o seqüenciamento em grande escala, descobriria que a empresa tinha na prática o monopólio da tecnologia e, sendo ela privada, o governo teria de lhe pagar para fazer o trabalho — ainda que ele próprio tivesse financiado o processo pelo qual a companhia adquirira sua competência tecnológica. Não só a colaboração internacional, mas a própria saúde do programa interno americano foi posta em xeque pela proposta. Novamente, Watson foi enérgico em sua oposição, dessa vez com sucesso. Tanto Sulston como Waterston decidiram permanecer em seus postos.

Os dois acidentes puseram James Watson em conflito com outros setores da burocracia governamental dos Estados Unidos e, em abril de 1991, os NIH deram início a uma investigação ética em torno de um pretenso conflito de interesses entre a posição de Watson como diretor do Centro Nacional para a Pesquisa do Genoma Humano e sua participação acionária em companhias privadas de biotecnologia. Era crença geral em meio à comunidade científica americana que essa investigação era um mero pretexto e que não havia nenhum motivo para supor que Watson estivesse exposto a algum conflito de interesses, muito menos que fosse suspeito de qualquer conduta imprópria. Ele certamente não aumentara sua fortuna pessoal explorando sua condição de um dos descobridores da hélice dupla do ADN. No início dos anos 70, muitos cientistas pioneiros da revolução da engenharia genética se haviam tornado multimilionários investindo em novas empresas de biotecnologia. Não há indícios de que Watson tenha seguido esse exemplo.

Em vez disso, acredita-se que Watson tenha sido vítima de um choque de personalidades e da política interna dos NIH. De todo modo, ele pretendia dedicar-se ao esforço de pesquisa do genoma humano por apenas quatro anos, de modo a vê-lo implantado com segurança. Em abril de 1992, anunciou que a carga representada por duas funções, a de diretor do Centro Nacional para a Pesquisa do Genoma Humano e a de diretor do Laboratório Cold Spring Harbor, estava se mostrando demasiado pesada. Por esse motivo, pediu demissão de seu cargo nos NIH e voltou para Cold Spring Harbor, já sob sua direção desde 1968. Tanto o caráter repentino da decisão de Watson como o fato de sua demissão ter sido aceita pelo diretor dos NIH sem uma palavra de pesar indicam a existência de tensões nesse organismo. Nada fora previsto para uma sucessão regular: os NIH designaram às pressas uma pessoa de seus próprios quadros como diretor interino, até que Francis Collins, o descobridor do gene da fibrose cística, aceitou assumir o cargo.

Watson impregnara o Projeto Genoma Humano americano de sua liderança carismática e vigorosa. Sua saída ocorreu num momento em que o projeto parecia em dificuldades. Enquanto escrevo, a questão das patentes permanece sem solução. Além disso, companhias privadas terão cada vez maior interesse nos frutos do projeto e no seqüenciamento como atividade comercial. O genoma humano é tão longo e complexo que seu seqüenciamento demandará uma organização semi-industrial, não o gênero de pesquisa criativa tipicamente desenvolvido nos laboratórios de biologia molecular. O envolvimento de companhias comerciais fornecerá, porém, terreno fértil para potenciais conflitos de interesse ligados ao desenvolvimento tecnológico e à propriedade dos resultados. Essas questões tendem a crescer, não a diminuir. O sucessor de Watson enfrenta a tarefa não só de proporcionar uma liderança para a comunidade científica como de estabelecer um novo relacionamento com a iniciativa privada.

Fica evidente que, com poucos anos de funcionamento, o Projeto Genoma Humano já tropeçou de cheio numa questão social e moral básica: a quem pertence o genoma humano? Quem terá direito de acesso aos frutos da pesquisa? Até agora a resposta americana — tal como manifestada pelos NIH — parece ser que o genoma humano, a mais profunda essência do ser humano, não passa de um recurso como outro qualquer, passível de exploração comercial. O perigo para o qual James Watson advertiu no artigo da revista *Science* já citado neste capítulo, o de uma mudança "para uma abordagem mais nacionalista da ciência (...) [que] contraria as tradições que me permitiram admirar e apreciar a vida científica", parece já se ter tornado uma realidade, tendo o próprio Watson sido sua vítima mais famosa. A esperança por ele alimentada de que o genoma humano pertenceria à população do mundo, não a seus governos, parece condenada a se frustrar. No entanto, em comparação com algumas das outras conseqüências que serão geradas pelo Projeto Genoma Humano, a questão das patentes é relativamente pequena. O modo como se tem lidado com esse problema não inspira confiança de que outras questões, mais espinhosas, venham a ser tratadas adequadamente. A primeira delas será a dos testes diagnósticos para doenças genéticas, que examinaremos no próximo capítulo.

# 6

# Mosquitos e Moral

Ao longo de toda a sua história, a espécie humana tem sido atormentada pelo mosquito sugador de sangue da malária. A picada de um mosquito anofelino infectado — sempre a fêmea, pois os machos se alimentam apenas de seiva de plantas, não disseminando doença entre os seres humanos — injeta parasitos microscópicos que conseguem chegar até o fígado da vítima, onde se reproduzem tranqüilamente. Após duas semanas, as células infectadas do fígado se rompem e os parasitos, expelidos em massa, invadem os glóbulos vermelhos da corrente sangüínea, passando a destruí-los a partir de dentro. Quando as células destruídas se rompem, liberam ainda mais parasitos na corrente sangüínea. A infecção manifesta-se por fraqueza, seguida de febre, dor de cabeça e dores musculares; caso não haja um tratamento precoce, pode-se estabelecer um ciclo de calafrios com batimento dos dentes e tremores, acompanhados por febre alta. Há quatro tipos de parasitos da malária e, nas vítimas infectadas pelo mais pernicioso deles, o *Plasmodium falciparum*, a doença pode evoluir para um coma repentino — do qual uma pessoa em cinco jamais se recobra.

O número de mortes por malária no mundo não é conhecido, mas apenas na África a doença mata mais de 800 mil crianças a cada ano. A malária é endêmica não somente na África, mas em todas as regiões tropicais e subtropicais. A cada ano há cerca de 110 milhões de novos casos no mundo todo. Sua influência maligna espalha-se pelo Oriente Médio e pela Ásia, chegando até a Indochina e a Indonésia. Grandes áreas da América Central e do Sul são também maláricas. Até relativamente pouco tempo atrás, ela estava amplamente disseminada na Europa, tendo infestado a região mediterrânea até os tempos atuais: Chipre e o sul da Itália foram maláricos até depois da Segunda Guerra Mundial, quando programas de erradicação do mosquito eliminaram os insetos portadores. O avanço da doença requer uma população razoavelmente densa — ela é transmitida quando um mosquito não-infectado pica uma vítima da malária, ingerindo *Plasmodium* juntamente com o sangue, e depois, ao tomar sua próxima dose de sangue, reinjeta os parasitos num ser humano não-infectado. Provavelmente a doença começou a atacar seres humanos cerca de 10 mil anos atrás, quando africanos trocaram a caça pela agricultura — um modo de vida capaz de sustentar uma população muito maior numa mesma área de terra do que a caça e coleta.

Mas que relação tem a história da malária com a genética humana? A resposta é que, num exemplo clássico de evolução em processo ao longo de muitos milhares de anos, as populações que vivem em áreas maláricas adquiriram algumas defesas inatas contra o parasito, defesas que se transmitem de uma geração a outra. À primeira vista, isso pode indicar que uma bondosa Mãe Natureza protegeria a espécie humana; a verdade, porém, é que a resposta evolutiva à malária é uma ilustração que mostra o quanto a seleção natural é indiferente a o que os homens julgariam moral e ético: a Natureza é literalmente inumana. Pelo menos três defesas se desenvolveram, mas todas elas apresentam efeitos colaterais que têm ocasionado grande sofrimento humano. Coletivamente, representam um excelente exemplo do que o falecido sir Peter Medawar chamou de "uma profunda comprovação de que a Natureza não sabe o que faz; de que a evolução genética é uma história de desperdício, improviso, contemporização e disparate". Os três defeitos monogênicos mais comuns que afligem a humanidade parecem resultar dessa resposta evolutiva à malária. Dois deles, a anemia falciforme e a talassemia, afetam a hemoglobina; o terceiro também afeta os glóbulos vermelhos do sangue, mas ocasiona a deficiência de outra proteína — a glicose-6-fosfato desidrogenase (G6PD).

Coletivamente, a resposta evolutiva à malária elucida a questão da existência ou não do que se poderia chamar de "genes bons" e "genes maus". O tema deste livro são as conseqüências morais e sociais da "nova genética" — expressão cunhada em 1980 por David Comings, o editor da revista *American Journal of Human Genetics*, ao comentar as novas técnicas para a análise do ADN, O propósito da investigação do possível impacto moral e social de qualquer nova tecnologia é assinalar algumas conseqüências que podem produzir-se, mas são indesejáveis, e fazê-lo antes que elas se concretizem. O problema é que a nova genética é nova; vai alterar nossas vidas, mas ainda não o fez. No Centro Hastings, no Estado de Nova York, o mais prestigioso instituto para o estudo dos problemas éticos em biologia e medicina dos Estados Unidos, há um programa de estudo dos efeitos do Projeto Genoma Humano. Como me disse o diretor do centro, Daniel Callahan, o trabalho será "difícil, pois é extremamente hipotético. É preciso usar os precedentes que existem" e, continuou ele, no tocante a algumas das mais importantes conseqüências do programa genoma humano, "não temos precedentes nem meios de prever o que as pessoas ou instituições farão com a informação".

Se parte tão considerável dos resultados é hipotética, os leitores deste livro podem sem dúvida perguntar se há algum meio de avaliar as conseqüências sociais e morais da nova genética antes que elas se produzam. Ao discuti-las por antecipação, não estará o autor correndo o risco de criar ele mesmo a vítima de seus ataques? Quantos dos temores se revelarão realmente fundados? A melhor maneira de evitar essas dificuldades é, como propõe Callahan, considerar a experiência passada. Havia genética humana antes da década de 80. Toda hipótese sobre o impacto social e moral da nova genética de análise do ADN se assentará sobre um terreno mais firme se primeiro voltarmos os olhos para as lições que essa fase anterior da genética humana tem a dar.

As respostas evolutivas à malária ocupam um lugar primordial tanto na história da genética humana como na história do modo como a sociedade contemporânea tratou os que sofrem de doenças hereditárias. Essas enfermidades, em particular a anemia falciforme, têm portanto um interesse que transcende de muito as preocupações profissionais dos geneticistas: por terem sido identificadas cedo, o modo como a sociedade lidou com elas pode indicar a forma como nós lidaremos com a pletora de informação que podemos esperar do Projeto Genoma Humano. Além disso, nos países industrializados, a anemia falciforme e a deficiência de G6PD tendem a afetar um grupo racial minoritário, o dos descendentes de africanos negros, de tal modo que, para eles, aos problemas gerados por um defeito hereditário se somam as complicações da desvantagem racial.

A história não tem nada de edificante. Se a Natureza parece perdulária e desajeitada ao criar essas doenças, o ser humano não se mostrou mais sábio em sua maneira de lidar com elas. Muitos dos países mais pobres da África são incapazes de prover sequer comida suficiente para a população, que dirá cuidados médicos pessoais: os bebês que nascem com anemia falciforme simplesmente morrem. Mas até no país mais rico do mundo a sociedade tem lidado inadequadamente com a anemia falciforme. Na década de 70, muitos Estados americanos instituíram programas de testagem em massa para a detecção da anemia falciforme que, ao mesmo tempo em que fizeram muito pouco para ajudar os atingidos pela doença, resultaram em discriminação contra pessoas saudáveis que eram casualmente portadoras de uma única cópia do gene. Embora não fossem em absoluto afetadas pela doença, algumas dessas pessoas foram recusadas em empregos ou impedidas de fazer seguros de saúde em razão de sua constituição genética.

Em segundo lugar, embora a anemia falciforme seja a segunda doença genética mais comum no mundo e sua causa seja conhecida desde meados da década de 50, as companhias farmacêuticas até hoje não consideraram que seria suficientemente lucrativo investir tempo ou dinheiro no desenvolvimento de remédios para o tratamento dos que são por ela afetados. Embora uma "cura" esteja além do alcance da tecnologia médica hoje disponível, teria sido possível desenvolver tratamentos para tornar as vidas dos atingidos tão tolerável e próxima do normal quanto possível. O exemplo da anemia falciforme contradiz frontalmente uma das principais afirmações dos defensores do Projeto Genoma Humano: a de que, pela leitura dos genes humanos, vamos acelerar o processo de desenvolvimento de tratamentos para as doenças genéticas.

No caso da talassemia, cujas causas subjacentes foram discriminadas pouco mais tarde que as da anemia falciforme, os programas de testagem da população tiveram mais sucesso. Em alguns países mediterrâneos, a disponibilidade de diagnóstico pré-natal reduziu enormemente a incidência da doença e na Grã-Bretanha se realizou com êxito um programa de prevenção da talassemia entre a população cipriota de Londres. Isso pode despertar os escrúpulos de algumas pessoas, pois o único "tratamento" que pode ser oferecido em face de um diagnóstico pré-natal positivo é o aborto do feto atingido. A situação, no entanto, é mais complexa do que parece, e na verdade o acesso ao diagnóstico pré-natal pode reduzir o índice de abortos numa comunidade afetada pela doença genética.

Finalmente, essas doenças suscitam uma questão de justiça internacional. Como afetam predominantemente os habitantes dos países mais pobres do mundo e minorias étnicas nos países desenvolvidos, elas são importantes pedras de toque do modo como os procedimentos do Projeto Genoma Humano deverão ser partilhados. Serão os povos do Terceiro Mundo lembrados na escolha de áreas de estudo pelos cientistas do Primeiro Mundo, ou enfermidades como as cardiopatias e o diabetes de início tardio, geneticamente mais complicadas e portanto mais atraentes, absorverão o interesse dos pesquisadores? Elas tendem a ser doenças da riqueza, afetando sobretudo os mais abastados.

Uma vez que um defeito genético tenha sido precisamente localizado, a primeira aplicação do novo conhecimento tende a ser a criação de testes para identificar os indivíduos que são portadores da mutação e que, portanto, correm o risco de adoecer em decorrência do defeito ou de transmiti-lo aos filhos. Esse tipo de diagnóstico genético é um desenvolvimento muito recente e de amplas implicações. Duas considerações são particularmente problemáticas: primeiro, o diagnóstico genético estará disponível muito antes de haver qualquer tratamento para as doenças diagnosticadas; segundo, o diagnóstico pode ser feito muito antes que quaisquer sintomas se manifestem. A plena força desta última consideração só será sentida dentro de mais algum tempo. Atualmente, as doenças de início tardio para as quais existem testes genéticos são relativamente raras; à medida que os pesquisadores adquirirem maior compreensão dos traços poligênicos e desenvolverem testes para revelar a susceptibilidade de um indivíduo a doenças desse tipo, como as cardíacas, os problemas ligados ao diagnóstico antecipado virão para o primeiro plano. Existem hoje muitas situações em que médicos diagnosticam doenças que não têm como tratar: muitos casos de câncer são lamentavelmente incuráveis, mas nessas circunstâncias a doença em geral já se instalou e o paciente já se sentia mal antes que o diagnóstico fosse feito. A única enfermidade comparável, em que pessoas que se sentem perfeitamente saudáveis podem ser informadas com anos de antecipação de que poderão morrer de uma doença incurável, é a Aids. A experiência com a Aids indica que o diagnóstico genético poderá exigir uma investigação extremamente cuidadosa.

A disponibilidade de um teste genético para uma doença humana põe em pauta três questões. Uma é a do exame da população, para a detecção precoce dos que têm um defeito genético que pode ainda não se haver revelado; exemplo disso é a testagem de adultos jovens para a detecção de uma doença de início tardio, como a coréia de Huntington. Há algum sentido no diagnóstico pré-sintomático de uma doença para a qual não existe nenhum tratamento eficaz? A segunda grande questão é a do exame da população para a detecção de portadores — os que têm uma única cópia de um gene recessivo e que portanto não sofrem a doença, mas correm o risco de transmiti-la aos filhos. Nesse caso, trata-se de dar aos indivíduos uma informação que lhes permitirá fazer uma escolha plenamente consciente quando vierem a pensar em formar uma família. A terceira questão é a do tratamento: quem irá desenvolver tratamentos para essas doenças; quem irá pagar para que sejam administrados, quando houver tratamento disponível? Esta última questão, de natureza econômica e comercial, será discutida no próximo capítulo. O restante deste capítulo vai examinar as questões do exame genético de populações, focalizando em primeiro lugar o exemplo da testagem para anemia falciforme realizada nos Estados Unidos na década de 70. Em seguida consideraremos os estudos feitos na Grã-Bretanha, no início da década de 90, sobre possíveis estratégias para identificar portadores do gene da fibrose cística (FC) na população, pois a história desses estudos-pilotos britânicos aponta que pelo menos algumas das lições ensinadas pelo caso da anemia falciforme nos Estados Unidos foram aprendidas. Em seguida examinaremos os imponderáveis dos exames para detecção de doenças de início tardio. Este capítulo abordará ainda a questão de quem deve ter acesso aos resultados de testes genéticos.

Em primeiro lugar, vale a pena pôr essas doenças em perspectiva. O número de vítimas atingidas pela anemia falciforme e a talassemia é enorme. A anemia falciforme aflige predominantemente africanos, com uma freqüência de cerca de um em 50 a um em 100 nascimentos. Em contrapartida, a doença monogênica mais comum entre os norte-europeus, a fibrose cística, tem freqüência de um em 2.500 nascimentos — cerca de 50 vezes menos. Todo ano nascem na África cerca de 100 mil crianças com anemia falciforme. A doença aflora também entre famílias de ascendência africana que há muito deixaram regiões maláricas (ou foram arrancadas delas, no caso dos escravos): há cerca de 1.500 casos por ano nos Estados Unidos, 700 no Caribe e cerca de 140 no Reino Unido.

A talassemia tende a afetar povos que vivem em torno do Mediterrâneo e também orientais, por vezes com altíssima freqüência: entre um em 50 e um em 100 nascimentos. Segundo sir David Weatherall, "os dados globais sobre a freqüência das talassemias são assombrosos". Apenas na Tailândia, registra ele, mais de 500 mil crianças, numa população total de 50 milhões, "sofrem graus variados de doença em razão da interação dos diferentes genes da talassemia". Parece provável, observa friamente sir David, que a doença esteja igualmente disseminada em partes do Sudeste da China, no Laos, no Camboja, na Malásia e em áreas do subcontinente indiano. A talassemia representa também um grande problema de saúde na Itália, na Grécia, em Chipre e na Sardenha. Segundo uma estimativa feita em 1979, a Itália tinha cerca de 4 mil crianças gravemente afetadas. Em 1983 a Organização Mundial da Saúde estimou haver no mundo todo cerca de 242 milhões de portadores de uma cópia do gene da talassemia ou da anemia falciforme.

A terceira doença comum que afeta os glóbulos vermelhos do sangue, a deficiência de G6PD, não ocasiona um problema crônico de saúde, mas os homens portadores desse gene podem sofrer grave anemia em reação a certos medicamentos — especialmente os modernos medicamentos antimaláricos — ou a substâncias químicas presentes no meio ambiente. A deficiênca de G6PD afeta cerca de 100 milhões de indivíduos no mundo todo.

Os que sofrem de anemia falciforme têm uma forma de hemoglobina que difere muito ligeiramente da normal. O resultado é que, assim que a hemoglobina libera seu oxigênio, as moléculas tendem a se colar umas às outras, formando fibras de proteína. Em conseqüência, os glóbulos vermelhos do sangue tornam-se rígidos e assumem a forma de uma foice. Essas células não sobrevivem na circulação tanto tempo quanto as normais. Elas se destroem ou ficam presas em vasos sangüíneos estreitos. O resultado é anemia — pela perda de glóbulos vermelhos — e dano aos órgãos cujas células ficam privadas de oxigênio em conseqüência da obstrução de pequenos vasos sangüíneos e capilares pelas células falciformes. O resultado dessa paralisação na corrente sangüínea é a morte de tecidos e "crises" de dor — o paciente é acometido por fortes dores nas juntas, costas, peito e abdome que podem durar poucas horas ou até três semanas. Alguns pacientes têm crises uma vez por mês, outros muito mais raramente. As pessoas atingidas pela anemia falciforme são também muito mais suscetíveis a infecções. Transfusões de sangue e transplantes de medula óssea (caso se encontre doador adequado) são os únicos tratamentos. A talassemia também ocasiona anemia grave, que pode ser compensada por freqüentes transfusões sangüíneas ou transplante da medula óssea. Caso recebam transfusões regulares, as crianças talassêmicas podem crescer e desenvolver-se normalmente, e com freqüência se mantêm saudáveis durante seus dez a 15 primeiros anos de vida, mas tendem a morrer antes de chegar aos 20 anos em decorrência do excesso de ferro extraído do sangue recebido. Recentemente foram desenvolvidos métodos para a remoção do ferro, mas as drogas mais comumente usadas para isso têm de ser instiladas no corpo durante várias horas todos os dias, num processo tediosamente penoso.

Como é que tamanhos danos, na forma de doença, sofrimento e morte, puderam surgir como reação à malária? Embora o mecanismo exato não seja conhecido, o parasito malárico parece ter dificuldade em viver e multiplicar-se no interior de glóbulos vermelhos que contenham ao mesmo tempo a hemoglobina normal e a falciforme. Assim, uma pessoa com herança mista é mais apta a resistir aos efeitos da malária. As crianças só são atingidas pela anemia falciforme quando recebem uma cópia do gene para a hemoglobina anormal tanto do pai quanto da mãe. Nos portadores de uma única cópia do gene, os glóbulos vermelhos fabricam ambos os tipos de hemoglobina, só um número muito pequeno de células se deteriora e a doença não se manifesta. Quando essa mutação apareceu na história evolutiva humana, praticamente todo gene defeituoso tendia a ter como parceiro uma cópia do gene intacto, e assim ela conferia proteção contra a malária e deixava os portadores com boa saúde. À medida que o gene alterado foi se disseminando, porém, cresceu a probabilidade de dois portadores se casarem e terem filhos. A essa altura entra em ação a costumeira loteria genética. Há uma chance em quatro de que um filho de tal casamento fique completamente livre do gene da anemia falciforme; se essa criança viver numa região malárica, cada picada de mosquito será para ela, potencialmente, uma sentença de morte. Há 50% de chance de que ela tenha genes mistos, como os pais, caso em que terá alguma proteção contra a malária. E há uma chance em quatro de que receba uma cópia do gene da célula falciforme de ambos os pais e venha, então, a sofrer a anemia incapacitante que, sem tratamento, provoca morte prematura e dolorosa. O processo de evolução chegou a um cruel equilíbrio nas contas da morte, pelo qual o grande número de crianças que morrem por causa da anemia falciforme e por falta de defesa contra a malária é contrabalançado pelo número das que têm sua sobrevivência aumentada por serem portadoras das duas formas de hemoglobina.

A descoberta da causa da anemia falciforme foi o primeiro triunfo do que hoje podemos chamar de "velha" genética molecular humana. Os sintomas clínicos tinham sido reconhecidos em 1910 por um médico de Chicago, James Herrick, que observou pela primeira vez as células falciformes características da doença ao examinar uma amostra de sangue de um estudante de medicina negro das Antilhas. Foi só em 1949, porém, que os pesquisadores identificaram que a causa subjacente era uma alteração da estrutura molecular da hemoglobina. Nesse ano Linus Pauling, Harvey Itano e colaboradores mostraram que a hemoglobina da célula falciforme se deslocava mais rapidamente que a hemoglobina normal sob a influência de um campo elétrico, se colocadas ambas num tipo de gel usado no isolamento de proteínas. Esse comportamento diferente na eletroforese em gel mostrou que o defeito residia dentro da estrutura da própria molécula. A ação deslocou-se então para Cambridge, Inglaterra, onde Vernon Ingram estava analisando a seqüência de aminoácidos da hemoglobina, usando métodos desenvolvidos por Fred Sanger para a análise da insulina. Em 1956 Ingram mostrou que a hemoglobina da célula falciforme continha apenas uma única alteração, num aminoácido situado na sexta posição da cadeia beta da molécula: o ácido glutâmico era substituído pela valina. É dessa única mudança que decorrem todas as conseqüências da anemia falciforme.

No caso da talassemia, o defeito em geral não está na estrutura da molécula de hemoglobina, mas na quantidade de cadeias alfa ou beta que se formam. Em alguns casos, nenhuma cadeia alfa ou beta é produzida. Há mais de 60 mutações diferentes, dando origem a uma variedade de talassemias. Uma forma especialmente grave, conhecida como talassemia beta, resulta da supressão do gene beta — parte do gene, ou todo ele, foi "perdida" pelo ADN da pessoa e nenhuma cadeia beta é produzida. Mais freqüentemente, contudo, as talassemias resultam de uma só causa básica. Como no caso da anemia falciforme, os que têm herança mista estão protegidos dos efeitos da malária. As provas disso são claras: nas ilhas do Pacífico, por exemplo, a talassemia alfa é muito freqüente na Papua-Nova Guiné, ao passo que é rara no Sul, na Nova Caledônia, e a distribuição da malária espelha exatamente a da talassemia alfa nessas ilhas.

A anemia falciforme ressurgiu como um grande problema de saúde nos Estados Unidos no final da década de 60 e início da de 70. A população negra foi informada de que grande parte dela sofria essa doença até então negligenciada. A incidência é de cerca de um para 400 negros, e a cada ano nascem 1.500 bebês negros com a doença no país. A preocupação com a anemia falciforme coincidiu com a ascensão do movimento pelos direitos civis nos Estados Unidos e se seguiu à introdução, no início dos anos 60, do exame em massa de todos os bebês recém-nascidos para a detecção de uma outra doença genética, conhecida como fenilcetonúria (FCU). A anemia falciforme é mais comum que a FCU, doença que afeta apenas uma em 12 mil pessoas. Muitos Estados americanos, graças à ação de grupos de pressão e legisladores negros, iniciaram programas para a detecção da anemia falciforme, nos moldes usados para a de FCU. Por fim, com substancial apoio do governo federal, foi criado um programa nacional de testagem para a detecção da doença. Como isso ocorreu muito tempo antes do advento de técnicas para a análise do ADN, os testes eram baseados na análise da hemoglobina de amostras de sangue colhidas de bebês e crianças. Mas o programa foi um fracasso e logo se tornou foco de disputas políticas e raciais.

O primeiro problema era que as duas doenças não são comparáveis. Quando nada é feito com relação à FCU, ela leva ao retardamento mental e à morte precoce, mas, uma vez detectado o defeito envolvido, é relativamente simples lidar com ele. Seus portadores são incapazes de digerir a fenilalanina, aminoácido normalmente presente na dieta comum, mas basta que esta seja alterada, deixando de conter a fenilalanina, para que os efeitos da FCU jamais se manifestem. No caso da anemia falciforme, ao contrário, não havia nenhum meio de enfrentar a doença: o diagnóstico não podia conduzir a tratamento ou cura. Os pais de crianças com FCU precisavam de conselho e orientação sobre o modo de enfrentar o defeito e restringir a dieta dos filhos. Já o programa de detecção da anemia falciforme não foi reforçado por nenhum aconselhamento genético, de modo que muito poucos dos casais que eram portadores do gene e corriam o risco de ter filhos afetados pela doença receberam orientação adequada.

Além disso, não havia na época nenhuma forma de testar o feto ainda no útero, de modo a proporcionar à mãe a opção de levar ou não a gravidez adiante caso o filho estivesse afetado. (De qualquer modo, o aborto foi ilegal nos Estados Unidos até 1973.) Apesar de tudo isso, vários Estados tornaram compulsório o exame de escolares ou bebês, sem fornecer informação ou aconselhamento às comunidades afetadas.

Pior ainda, testaram-se pessoas para verificar se eram ou não portadoras sem estabelecer uma clara distinção entre as que eram portadoras do traço da anemia falciforme (tendo uma única cópia do gene) e as que de fato sofriam a doença. O resultado foi que muitos pais de crianças com traço da anemia falciforme acreditaram que os filhos tinham uma doença debilitante, ou pelo menos que deviam restringir suas atividades para evitar que ela se instalasse. Comentários feitos por Linus Pauling em 1968 não contribuíram para melhorar a situação. Era possível interpretá-los como uma proposta de que os portadores do traço devessem ser "marcados", de tal modo que não se casassem entre si ou pelo menos não tivessem filhos. A confusão entre o traço da anemia falciforme e a doença correspondente se espalhou e foi reforçada pela mídia. A certa altura de 1972, um anúncio publicado na revista *Ebony* (cujo público leitor é predominantemente negro) e que visava a levantar dinheiro para a pesquisa sobre a anemia falciforme caracterizou erroneamente os portadores do traço como fracos:

> Ele é um assassino. Um em dez americanos negros é portador de um traço sangüíneo que ameaça incapacitar ou matar. Chama-se anemia falciforme, pois produz glóbulos vermelhos do sangue em forma de foice. Pode debilitar as pessoas que não mata. Mesmo as que têm a forma branda da anemia falciforme — o "traço" — sofrem. Em geral, elas devem evitar atividades pesadas e consultar seus médicos em bases regulares.

O anúncio foi patrocinado pelo American Express, que se propunha a doar o valor de compra de ordens de pagamento da companhia para a luta contra a anemia falciforme.

As confusões proliferaram. Em Washington, DC, a anemia falciforme foi transformada por lei em doença contagiosa e os escolares foram submetidos a testes compulsórios por força dos regulamentos de imunização do distrito. No Estado de Massachusetts, o traço da anemia falciforme foi transformado em doença, pelo menos por lei. Segundo Loretta Kopelman, no número de outono de 1978 de *Perspectives in Biology and Medicine*, o teste usado no Estado de Nova York detectava tanto os portadores do gene quanto os afetados pela doença e, embora a lei só exigisse o registro da ocorrência da doença, os simples portadores do traço eram também registrados:

> Sabemos que essa informação torna-se parte do registro médico-hospitalar permanente da criança. No passado, companhias de seguros exigiram,

como precondição para o seguro de pessoas, o pleno acesso a registros médicos e, ao descobrir condições como a anemia falciforme ou o traço da anemia falciforme, negaram-lhes o seguro.

Discriminação maior ainda ocorreu no mercado de trabalho. Negros que tinham o traço, mas não a doença, foram recusados em empregos em companhias aéreas e até impedidos de ingressar na Academia da Força Aérea dos Estados Unidos em razão da crença equivocada de que seu sangue reagiria mal às baixas pressões do ar (e portanto da concentração de oxigênio) experimentadas quando se atingem altitudes elevadas em aviões comerciais ou militares. Só em 1981 a Academia da Força Aérea suspendeu suas restrições.

Mas os problemas não se restringiram à vida profissional e de trabalho das pessoas. A genética não trata de indivíduos, mas de suas famílias: os genes que uma pessoa carrega refletem sua história familiar. O programa para a detecção da anemia falciforme atingiu a vida privada e pessoal, chegando a ameaçar casamentos. Em 1972 Robert Murray expôs numa conferência do Centro Hastings alguns dos problemas gerados pelos testes para detecção de anemia falciforme. Dois de seus estudos de caso são de especial interesse. Um era de uma mãe negra cujo filho de um ano sofria de anemia e não se desenvolvia. A criança foi examinada e constatou-se que tinha anemia falciforme. Ambos os pais foram testados, mas só a mãe manifestou ter o traço. Quando lhe disseram que, pelos testes, seu marido não podia ser o pai da criança, a mulher jurou "sobre o túmulo de sua mãe" que só ele podia ser o pai. Felizmente os médicos acreditaram nela e, num segundo teste, verificaram que os glóbulos vermelhos do marido continham de fato uma quantidade muito baixa (cerca de 5%) de hemoglobina da célula falciforme, sendo pois realmente um portador.

O caso ilustra um problema fundamental de todos os testes genéticos: há uma possibilidade não-negligenciável de erro nos resultados. No caso mencionado, tratou-se de um falso negativo: se os médicos tivessem acreditado mais na tecnologia do que em sua paciente, o erro poderia ter levado à desintegração da família, pois o pai acreditaria, equivocadamente, que a criança não era seu filho. O Dr. Murray declarou adotar, como médico, a seguinte posição: "Quando há conflito entre relações humanas, bem-estar e verdade científica total, minha tendência tem sido a de sacrificar a verdade." Ele conta o caso de outro casal cujo filho sofria de anemia falciforme e em que ficou claro que apenas a mãe era portadora do traço (portanto, a criança não era filha do homem que se considerava o pai). Diz Murray: "Explicou-se a eles que um óvulo da mãe contendo o gene da anemia falciforme fora fertilizado por um espermatozóide em que ocorrera uma mutação recente, que também produzira um gene da anemia falciforme. Não lhes foi assinalado que as mutações são extremamente raras."

Nessa época vários Estados, como Kentucky, Rhode Island, Carolina do Sul e Nova York, introduziram leis que tornavam obrigatório o teste dos recém-nascidos para a anemia falciforme. Na década de 70, porém, o tratamento da doença se restringia praticamente à amenização das crises de dor. O teste de recém-nascidos era inútil, já que de todo modo o tratamento paliativo só podia ser ministrado quando os primeiros sintomas se apresentassem. De fato, o conhecimento de que uma criança tinha a doença pode ter levado a erros de diagnóstico. Um relatório do instituto americano de pesquisa de ética médica, o Centro Hastings, cita um caso documentado em que uma criança morreu porque o médico, tendo sido informado pela mãe de que ela tinha anemia falciforme, pensou estar diante de uma crise dessa doença. Na verdade, a criança era uma portadora, não tinha a doença e morreu de apendicite aguda. Considerados os problemas da estigmatização de crianças e da carga representada por registros médicos que frustrariam perspectivas de emprego no futuro, as desvantagens dos testes em massa de recém-nascidos superavam quaisquer vantagens. Em 1978 a professora Kopelman concluiu sua análise chamando a atenção para a necessidade do exame adequado dos riscos envolvidos nos testes para detecção de doenças genéticas, frisando que eles não se resumem ao risco de dano físico no momento do teste: "Estão envolvidos os riscos de rotulação, invasão da privacidade, perda da auto-estima e discriminação. Ninguém tem o direito de sujeitar outros a processos que, considerados todos os aspectos, envolvem risco para eles."

Não era sequer o caso de haver necessidade de aplicação em massa de testes para fins epidemiológicos — isto é, para avaliar o grau de disseminação da doença na comunidade. Esse objetivo seria atingido com muito mais facilidade por amostragens de pequena escala, desde que estatisticamente bem controladas. Qualquer aplicação de testes destinada simplesmente a compilar números relativos à incidência de uma doença tem de se fundar num equilíbrio entre os interesses dos indivíduos a serem testados, ou com possibilidade de pertencer ao mesmo grupo que os testados, e o interesse mais amplo da sociedade pelo conhecimento a ser assim adquirido. Em caso de conflito, a maioria das sociedades tende a dar maior ênfase aos interesses dos indivíduos, a menos que se possa demonstrar que, em dado caso, o conhecimento em questão é de extrema importância para a coletividade. O valor a ser atribuído aos direitos do indivíduo parece ser ainda maior quando o que está em jogo é algo tão pessoal e íntimo como sua constituição genética e seu direito de ter filhos. Há muitíssimos precedentes históricos de grande sofrimento humano produzido quando direitos individuais foram atropelados e o Estado arrogou-se o direito de ditar quem tinha e quem não tinha a prerrogativa de procriar.

O programa de testes para anemia falciforme nos Estados Unidos acabou malogrando em meio à confusão: a certa altura as leis de 17 Estados prescreviam o teste obrigatório, ao passo que uma década depois somente dez continuavam a impô-lo. Essa saga infeliz foi um dos estímulos para a elaboração, em 1983, de um relatório sobre testes genéticos por um corpo consultor especial da presidência dos Estados Unidos. Essa Comissão Presidencial para o Estudo dos Problemas Éticos na Medicina e na Pesquisa Biomédica e Comportamental, para mencionar seu nome completo e um tanto pesado, fez várias recomendações importantes em seu relatório "Testagem e aconselhamento para distúrbios genéticos: Relatório sobre as implicações éticas, sociais e jurídicas da testagem genética". A primeira recomendação ligava-se ao caráter confidencial a ser atribuído às informações genéticas: terceiros não-envolvidos não deveriam ter acesso a elas. A segunda desaconselhava os programas compulsórios de testagem: seu alcance era limitado, afirmou a comissão, e programas voluntários seriam sempre preferíveis, exceto quando se mostrassem inadequados para prevenir danos a indivíduos indefesos, como recém-nascidos. A comissão recomendou também que os médicos, na medida do possível, dissessem a seus pacientes a verdade sobre os resultados de todo teste: a honestidade entre médico e paciente era indispensável.

Passando do plano individual para as implicações da testagem genética no campo social e das políticas públicas, a comissão afirmou que programas de testagem em massa só deveriam ser implantados depois da realização de estudos-pilotos bem conduzidos, que demonstrassem que eles seriam de fato compensatórios. Os cuidados de aconselhamento e acompanhamento deveriam ser partes integrantes de qualquer programa de testagem, que não deveria ser iniciado antes de se tomarem essas providências. O oferecimento dos testes devia levar em conta a freqüência de diferentes doenças genéticas em diferentes subgrupos ou grupos raciais da população.

Em abril de 1987, um grupo de especialistas constituído pelos NIH recomendou novamente que todos os recém-nascidos fossem submetidos ao teste para detecção da anemia falciforme. Dessa vez, porém, a motivação era diferente. A pesquisa clínica mostrara que crianças de menos de três anos com anemia falciforme são menos capazes de combater infecções bacterianas e têm 15% de probabilidade de morrer de infecção nos primeiros anos de vida. A pesquisa demonstrou que isso seria evitado pela administração de penicilina a essas crianças como profilaxia. Os NIH recomendaram que as crianças diagnosticadas como tendo anemia falciforme deveriam receber penicilina desde os quatro meses até os cinco anos de idade. Dessa vez a testagem passava a ter uma finalidade e podia proporcionar algum benefício aos indivíduos testados: a proteção contra infecções anteriormente fatais.

Vale a pena ressaltar dois aspectos ligados a essa pesquisa. O primeiro é seu atraso: as causas subjacentes da anemia falciforme já eram conhecidas desde meados da década de 50, programas de testagem tinham sido introduzidos no início da década de 70, e no entanto só no final da década de 80 se fez uma pesquisa conclusiva sobre um tópico tão óbvio: como se desenvolvem os bebês afetados pela doença? O segundo aspecto é a irrelevância da genética: a pesquisa consistiu na observação da saúde de bebês com anemia falciforme e sua comparação com a de bebês que não a apresentam. Observou-se maior susceptibilidade a infecções nos primeiros anos de vida; isso não foi deduzido do conhecimento dos genes. Embora o Projeto Genoma Humano vá fornecer novos conhecimentos sobre os genes e as doenças humanas, seus resultados não darão respostas para tudo: como bem ilustra o caso da anemia falciforme, a redução de seres humanos às suas partes mais elementares, os genes, não nos diz tudo sobre eles. Ainda restará amplo campo para que a pesquisa clínica e outras pesquisas não-genéticas nos revelem coisas importantes sobre nós que não estão escritas em nossos genes.

Alguns dos Estados que ainda insistem na testagem compulsória parecem ter aprendido as lições fornecidas por erros anteriores. Na Califórnia, onde a testagem de recém-nascidos para a anemia falciforme continua sendo obrigatória, os pais recebem amplo aconselhamento e são convidados a participar de sessões de educação familiar a intervalos de duas a quatro semanas durante os primeiros meses de vida do bebê. São ensinados a reconhecer sinais de perigo e recebem uma carta que devem levar consigo quando viajam, para informar aos médicos que a criança tem a doença e fornecer informações médicas básicas. Essas cartas são necessárias, pois muitos médicos que clinicam em regiões com poucos afro-americanos podem nunca ter visto um caso de anemia falciforme e interpretar erroneamente os sintomas. Para contrabalançar o caso acima mencionado, de apendicite erroneamente diagnosticada como anemia falciforme, há casos documentados de crianças que deram entrada em hospitais em plena crise de anemia falciforme e os médicos, desconhecendo a doença, não hesitaram em acusar os pais de as terem maltratado deliberadamente.

Desenvolvimentos da tecnologia médica têm posto ao alcance dos que correm o risco de transmitir doenças genéticas opções que não existiam no início do programa da anemia falciforme. Desde o princípio da década de 70 tornou-se possível para um médico dizer a uma mãe se o filho que ela espera está afetado por algum defeito genético ou de outro tipo. O diagnóstico pré-natal baseia-se em formas de obter amostras de células de um feto ainda no útero — até o sangue do feto pode ser examinado.

A amniocentese foi o primeiro procedimento desenvolvido. As células que flutuam no líquido amniótico que envolve o feto pertencem a este e não à mãe. Podem ser extraídas e analisadas para a detecção de anormalidades cromossômicas e de alguns defeitos biológicos. O médico colhe uma pequena quantidade do líquido amniótico através de uma agulha que atravessa a parede abdominal da mãe; ele guia a agulha mediante a observação, por imagens de ultrassom, da localização da placenta e do feto, de modo a não lhes causar nenhum dano ao penetrar no saco amniótico. Antes do diagnóstico baseado no ADN, porém, o espectro de doenças que podiam ser detectadas pela amniocentese era bastante limitado. Nem a anemia falciforme nem a talassemia, por exemplo, podiam ser detectadas, pois as células do líquido amniótico não produzem hemoglobina. Em 1971, porém, os pesquisadores encontraram um meio de colher amostras de sangue fetal, o que lhes permitiu detectar proteínas defeituosas do sangue.

A desvantagem de ambas as técnicas é que só podem ser aplicadas relativamente tarde, depois da 14ª semana de gestação. Além disso, as células amnióticas precisam ser cultivadas em laboratório até que haja material suficiente para a análise, o que pode demandar mais três semanas. Depois de um tempo tão longo, torna-se muito difícil para os pais decidir interromper uma gravidez caso o feto esteja afetado por algum distúrbio gravemente incapacitante, e essas interrupções tardias são física e emocionalmente muito penosas para as mães.

Mais recentemente foi desenvolvida uma outra técnica, conhecida como exame de vilosidades coriônicas, que pode ser aplicada num momento mais precoce da gravidez. As vilosidades coriônicas são projeções semelhantes a dedos da membrana que envolve o embrião no início da gravidez e que se transforma gradualmente na placenta madura. O exame pode ser realizado da oitava até a 11ª semana da gravidez.

Tal como a amniocentese, essa técnica fornece células que podem ser examinadas ao microscópio para identificar anomalias cromossômicas flagrantes; pode-se também analisar seu conteúdo protéico para verificar a presença de algum distúrbio herdado. A análise das proteínas pode detectar, por exemplo, casos de doença de Tay-Sachs. Essa enfermidade fatal do sistema nervoso resulta de uma deficiência da enzima hexosaminidase A. É possível detectá-la porque as células amnióticas normais contêm hexosaminidase A, ao passo que as células de fetos afetados não as apresentam. Nenhuma dessas técnicas, porém, é capaz de identificar casos de deficiência de fenilcetonúria (FCU), por exemplo, porque essa enzima é produzida quase exclusivamente por células do fígado, que não são coletadas pela amniocentese ou pela amostragem de sangue fetal.

O advento da análise direta do ADN transformou isso, permitindo a investigação, através dos cromossomos, dos padrões de ADN característicos das doenças. Em 1978 Y. W. Kan e Andrees Dozy, da Universidade da Califórnia em São Francisco, relataram haver realizado um diagnóstico pré-natal da anemia falciforme pela análise do ADN das células do líquido amniótico. Casais que soubessem estar sob o risco de transmitir uma doença hereditária — talvez por já terem um filho afetado — passariam a ter condições de fazer um teste pré-natal bem no início de uma nova gravidez para se assegurar de que o feto estava livre da doença e, se não estivessem, optar pelo aborto. Em princípio, as opções são ainda mais amplas: casais sem história pregressa da doença em suas famílias, mas que sejam eventualmente identificados como portadores por programas de testagem em massa da população, poderão também recorrer ao diagnóstico pré-natal e, se o desejarem, optar pelo aborto de fetos atingidos, sem jamais ter tido um filho afetado. Essa possibilidade está agora saindo do terreno da teoria para entrar na prática no que tange à detecção da fibrose cística, como veremos adiante.

O episódio da anemia falciforme foi extremamente lamentável, mas houve também histórias bem-sucedidas nos Estados Unidos, em especial com a doença de Tay-Sachs. Esta é de ocorrência relativamente comum em famílias judaicas de ascendência européia, com uma incidência que varia de uma em 6 mil crianças a uma em 2.500 (entre não-judeus, é de cerca de uma em 600.000). Como a FCU, trata-se de um distúrbio inato do metabolismo: os portadores de duas cópias do gene defeituoso carecem da enzima hexosaminidase A, o que ocasiona a formação de depósitos gordurosos nas células nervosas. Os sintomas manifestam-se nos quatro ou cinco primeiros meses de vida e a doença ocasiona retardamento mental, cegueira, paralisia e demência, com as crianças mais afetadas morrendo por volta dos quatro anos de idade. O número de crianças nascidas com a doença de Tay-Sachs nos Estados Unidos caiu de cerca de 100 por ano no início da década de 70 para menos de dez por ano no final da década de 80, graças a um programa corretamente coordenado de testagem pré-natal acompanhado pela opção do aborto.

No Reino Unido, a Dra. Bernadette Modell e colaboradores, da Escola de Medicina do Hospital do University College, implantaram um programa notavelmente bem-sucedido de testagem para casais com risco de ter um filho com talassemia. Há em Londres uma grande comunidade cipriota, cujos membros são afetados por essa doença. Antes que o diagnóstico pré-natal fosse possível, os casais que se sabiam em risco — ou porque já tinham um filho com a doença, ou porque os dois parceiros tinham obtido resultado positivo em testes para detecção de portadores — tinham praticamente parado de ter filhos. As gestações subseqüentes entre esses casais eram em sua maioria acidentais e 70% delas eram abortadas porque os pais julgavam não poder correr o risco de um para quatro de ter outro filho doente. A introdução do diagnóstico pré-natal mudou radicalmente a situação. O índice de aborto caiu: como se poderia esperar a partir da estatística genética, menos de 30% das gestações subseqüentes precisaram ser interrompidas em razão de um diagnóstico pré-natal de talassemia.

Mas houve também malogros. As comunidades de imigrantes asiáticos da Grã-Bretanha têm-se mostrado muito menos dispostas a se submeter a testes genéticos como meio de baixar a incidência da talassemia do que a comunidade cipriota. Um outro projeto, que oferecia testes de detecção da talassemia para aldeões gregos, terminou no sofrimento daqueles a quem o projeto pretendia ajudar, pois alguns aldeões ficaram estigmatizados. Isso aconteceu embora o projeto tivesse sido bem-planejado e incluísse aconselhamento genético. Além disso, não houve decréscimo na prevalência da doença.

Mesmo quando determinada comunidade condena a interrupção de uma gravidez prejudicada, há por vezes outros meios de reduzir a incidência de uma doença genética. Entre a população judaica hassídica do Brooklyn, Nova York, por exemplo, os casamentos tendem a ser combinados. Em 1984 foi iniciado, com a colaboração e o apoio das organizações hassídicas locais, um programa de testagem da população para a detecção de portadores de Tay-Sachs. Os casamenteiros da comunidade (com as devidas salvaguardas do seu caráter sigiloso) tiveram acesso aos resultados dos testes, de tal modo que, quando se verificasse que dois parceiros potenciais eram portadores do gene, não se promovia o casamento. Como os dados permaneciam sigilosos, não havia possibilidade de estigmatização pública dos indivíduos em questão. O resultado foi um declínio considerável no número de nascimentos de crianças com Tay-Sachs, sem recurso ao aborto. Não resta dúvida, porém, de que esse é um exemplo excepcional.

Em 1989, com a descoberta da principal mutação responsável pela fibrose cística (FC) por cientistas de Michigan e Toronto (ver Capítulo 2), foi aberto o caminho para o teste da presença do gene. Em princípio, seria possível atualmente testar toda a população para identificar os portadores da mutação. Embora esse tipo de testagem em massa possa parecer semelhante à que foi feita com relação à anemia falciforme na década de 70, no caso da FC o foco é diferente. Enquanto o programa de detecção da anemia falciforme procurou identificar os que sofriam a doença e a detecção dos portadores do traço foi apenas um resultado secundário, o alvo da testagem para a FC será precisamente identificar portadores — mais especificamente, casais que, sem o saber, correm o risco de ter filhos com a doença. As próprias crianças que sofrem a FC já podiam ser diagnosticadas por outros procedimentos, é claro, muito antes de a análise genética se tornar viável.

Embora pesquisadores americanos tenham desempenhado um papel significativo na descoberta do gene defeituoso da FC, talvez não surpreenda, em vista da confusa herança deixada pelas testagens genéticas do passado, que os Estados Unidos tenham sido lentos na aplicação do conhecimento gerado pela nova genética. Além disso, o aborto permanece sendo uma questão emocional e política extremamente carregada naquele país. Um terceiro fator é que o sistema de serviços médicos nos Estados Unidos é particularmente inadequado para realizar testagens em massa baratas e efetivas, de modo que qualquer programa de identificação de portadores da FC tende a ser caro. Finalmente, como o atendimento médico-hospitalar é financiado por companhias de seguros privadas, os que tiverem resultado positivo se verão provavelmente discriminados ou, na melhor das hipóteses, obrigados a pagar prêmios maiores por um seguro de saúde, o que pode revelar-se um forte entrave econômico, tornando a maioria dos indivíduos relutantes em se submeter ao teste. Assim, só em abril de 1991 os NIH liberaram verbas — cerca de 1 bilhão de dólares — para estudos-pilotos destinados a avaliar a melhor maneira de aplicar um teste de ADN para a detecção de portadores da FC.

Na Grã-Bretanha, ao contrário, estudos-pilotos para a detecção de portadores das mutações da FC começaram a ser discutidos apenas dois meses depois do anúncio de que o gene fora isolado. Em dezembro de 1990, o Conselho de Pesquisas Médicas (Medical Research Council — MRC) já montara experiências-pilotos em colaboração com a Corporação Britânica de Pesquisa sobre a Fibrose Cística. Todas as crianças recém-nascidas na Grã-Bretanha são testadas para FCU, mas o conselho e a Corporação consideraram e rejeitaram a idéia de tentar detectar os portadores de FC nesse mesmo momento. A isso, preferiram tomar como alvo pessoas que estivessem próximas da idade reprodutiva ou esperando um bebê. D. J. H. Brock, professor de genética humana na Universidade de Edimburgo, advertiu no boletim do MRC: "Qualquer tipo de testagem tem o poder tanto de tranqüilizar quanto de perturbar. A informação de que são portadoras de um gene da FC pode ser extremamente perturbadora para algumas pessoas, por mais que tenham sido cuidadosamente preparadas para essa possibilidade." Por essa razão, os britânicos desenvolveram três experiências-pilotos para descobrir o melhor modelo para a testagem em massa.

O sentido do esforço para detectar portadores é dar às pessoas uma informação mais completa sobre sua condição genética e permitir que ajam com pleno conhecimento de causa ao tomarem suas decisões sobre reprodução. Há várias opções para os que se sabem portadores da mutação da FC. Podem usar esse conhecimento para orientar sua escolha de um parceiro e só se casar com alguém comprovadamente não-portador; ou podem casar-se sem levar isso em conta e, caso venham a descobrir que o parceiro é também um portador, escolher então entre ter ou não filhos. Se quiserem filhos, podem optar por usar esperma ou óvulos doados por alguém comprovadamente não-portador, ou adotar uma criança. Outra opção é iniciar uma gravidez da maneira normal, mas fazer em seguida um teste pré-natal para verificar se o feto está afetado e, nesse caso, optar pelo aborto. Restaria ainda, é claro, a opção consciente de não levar a informação em conta e ter filhos sem fazer uso dos resultados de quaisquer testes genéticos.

A existência dessa diversidade de opções é algo de muito novo na experiência humana — provavelmente, apenas os casais que desejam ter filhos mas não podem já se viram numa circunstância semelhante em termos de tomada de decisão sobre a reprodução. Alguns observadores podem considerar que essas novas escolhas são capazes de gerar um benefício social geral: a tecnologia pode impor a todos nós maior maturidade e responsabilidade na consideração do legado genético que transmitimos. Por outro lado, é impossível não pensar que a tecnologia está se sobrepondo ao que as pessoas sentem umas pelas outras e que pouca gente orienta suas vidas pessoais e sexuais por escolhas tão lógicas como essas. Não há lugar num cálculo como esse para o displicente, o concupiscente, ou para os que, no calor do momento, simplesmente se descuidam. Acima de tudo, esse é um raciocínio desapaixonado, ao passo que a maioria de nós talvez goste de acreditar que, nas questões de sexo e reprodução, a paixão tem um lugar por direito próprio.

Diz o professor Bob Williamson, que dirige um dos grupos que realizam estudos-pilotos: "A escolha traz consigo responsabilidades reais, e nem todos gostam delas. A informação pode ser libertadora, mas pode também ser uma carga." Se uma pessoa é identificada como portadora, continua ele, "que deve fazer? Comunicar ao menos a seu parceiro? E se não tiver parceiro? Contará a ele no primeiro encontro, ou na primeira vez em que forem para a cama? De repente, ela estará jogando um enorme volume de informação sobre pessoas sem nenhuma experiência prévia com essa condição."

A maioria das experiências-piloto da Grã-Bretanha tem tirado proveito de uma das características do sistema médico daquele país: o fato de todas as pessoas estarem registradas junto a um médico de família ou clínico geral (CG) local, a quem recorrem em primeiro lugar quando se sentem doentes ou precisam de tratamento. Suplementando o CG local, há em muitas áreas clínicas de planejamento familiar a que as pessoas podem recorrer para conselhos ligados à contracepção ou outras questões. Quase todas as mulheres que engravidam freqüentam clínicas pré-natais e recebem cuidados pré-natais constantes, seja do seu CG, seja em ambulatórios de hospitais locais. Como todos esses serviços são fornecidos gratuitamente pelo Serviço Nacional de Saúde, os custos não desestimulam o uso de nenhum deles.

Três dos estudos-pilotos para a detecção de portadores da FC valeram-se desse sistema, oferecendo testes tanto aos pacientes que tinham procurado seu CG como aos que tinham recorrido às clínicas de planejamento familiar em busca de contraceptivos. Em outro estudo, feito em Edimburgo, Escócia, os testes foram oferecidos nas clínicas pré-natais de uma grande maternidade. Reconhecia-se que esse talvez não fosse o momento ideal para uma testagem, pois, em caso de resultado positivo de uma gestante, os casais teriam muito pouco tempo para tomar a grave decisão de submeter o feto a um teste pré-natal, com a possibilidade de ter de recorrer a um aborto. Uma desvantagem adicional é que algumas mulheres só passam a fazer acompanhamento pré-natal quando a gravidez está bem desenvolvida e, dado o tempo extra necessário para a realização dos testes, isso poderia significar um aborto muito tardio e penoso.

Um estudo feito num hospital de Londres tomou por alvo apenas casais, considerando-os positivos somente quando ambos os futuros pais eram portadores do gene. Outro estudo propôs testagens nas escolas secundárias. Uma possível desvantagem disso é que, para um adolescente, a identificação como portador pode representar uma indesejável carga psicológica numa época de grande perturbação emocional. Os aspectos positivos e os inconvenientes dos caminhos apontados por esses estudos ainda estão sendo avaliados. Alguns resultados preliminares, porém, já foram divulgados. Os resultados iniciais do estudo de que Williamson participa — abrangendo mais de mil pacientes de 16 a 44 anos e desenvolvido numa área relativamente próspera pouco ao norte de Londres — revelam um índice muito alto de aceitação. A oferta do teste foi aceita por 66% das pessoas que procuraram os consultórios dos clínicos gerais e por 87% das que freqüentaram clínicas de planejamento familiar. Um terceiro grupo recebeu cartas formais oferecendo o teste, mas só 10% aceitaram o convite.

O teste em si, já descrito no Capítulo 4, é o que há de mais simples. Um problema na detecção da FC é que a mutação mais comum afeta apenas 78% dos portadores da doença na população britânica. (A incidência dessa mutação varia segundo as nacionalidades e os grupos étnicos; na Dinamarca, por exemplo, é de 90%.) Duas outras mutações podem ser identificadas pelo mesmo teste, o que eleva o índice de detecção a mais de 82%. Segundo Williamson, não há "falsos positivos", isto é, ninguém que esteja livre da mutação pode ser erroneamente diagnosticado como seu possuidor, porque todos os positivos são testados uma segunda vez. Há, porém, falsos negativos. "Não se conseguem identificar todos os portadores", diz Williamson. "Mas isso é comum na medicina; os testes para câncer cervical ou de mama, por exemplo, não detectam todos os casos, o que não significa que não valha a pena aplicá-los. Somos capazes de identificar mais de 2/3 dos casais que estão sob risco e é correto oferecer essa informação a esses 2/3, mesmo que haja alguns que não possamos identificar."

Em acentuado contraste com a experiência americana na testagem para a anemia falciforme, o Estado não se envolveu nesses estudos-pilotos britânicos. Embora financiado pelo governo, o MRC é constituído de tal modo que suas atividades de pesquisa ficam a salvo de um controle político direto. Apesar disso, o trabalho tem uma dimensão econômica que não pode deixar de ser do interesse do Estado, na qualidade de principal financiador da assistência médica no Reino Unido. Williamson avalia que a aplicação de um teste custa cerca de duas libras, incluindo o preço dos reagentes químicos e do tempo do técnico. A isso se somam, em primeiro lugar, o capital necessário para a montagem de um laboratório de análises e, depois, os custos da coleta de amostras e do aconselhamento genético a ser fornecido aos portadores identificados. Portanto, o custo total de um serviço de testagem alcança provavelmente várias dezenas de libras esterlinas por amostra e, dada a freqüência de portadores na população, será preciso gastar pelo menos 50 mil libras antes que seja possível identificar um portador por esse processo.

A questão do interesse econômico que as testagens em massa teriam ou não para o Serviço Nacional de Saúde depende do comportamento dos casais sob risco. Se ambos os parceiros forem portadores, irão eles optar por interromper a gravidez quando o feto tiver sido diagnosticado como doente? O tratamento de uma pessoa com FC custa para o Serviço Nacional de Saúde cerca de 10 mil libras por ano. A expectativa de vida é de pelo menos 20 anos e, com os avanços no tratamento, tende a ser de 30 a 40 anos, de tal modo que o custo médio do tratamento de um doente de FC ao longo da vida ultrapassará certamente 200 mil libras. Portanto, o Serviço Nacional de Saúde só economizará dinheiro se mais de 1/4 de casais compostos por portadores optarem por interromper a gravidez. No entanto, se mais de 3/4 decidirem continuar, o programa de detecção de portadores terá custado mais do que não fazer testagem alguma.

Isso pode soar como um cálculo frio, mas os recursos financeiros, mesmo de países relativamente abastados como a Grã-Bretanha, não são infinitos e o dinheiro gasto na testagem para FC é dinheiro que deixa de ser investido no tratamento médico de outros males igualmente importantes, impondo-se portanto que o dinheiro seja adequadamente gasto. A pesquisa inicial feita por Williamson identificou 29 portadores do gene, mas não detectou nenhum casal de portadores. Apesar disso, o estudo pediu aos participantes que refletissem sobre o que fariam se tanto eles como seus parceiros fossem identificados como portadores de FC: 17% disseram que não cogitariam de interromper uma gravidez caso o feto tivesse a doença, 26% disseram que o fariam e cerca de 57% não sabiam ao certo como iriam reagir. Não ficou claro, porém, até que ponto essas respostas refletem o comportamento que essas pessoas de fato teriam em tal circunstância.

Esses resultados preliminares indicam que, em termos puramente econômicos, a testagem em massa pode ser vantajosa. Uma estimativa americana dos custos e benefícios da testagem para detecção de portadores chegou exatamente à conclusão oposta. A estimativa americana foi publicada no *Journal of the American Medical Association* em maio de 1990, um ano antes da liberação de verbas para estudos-pilotos nos Estados Unidos e quase 18 meses antes da publicação do estudo britânico. Os autores, Benjamin Wilfond e Norman Fost, da Escola de Medicina da Universidade de Wisconsin, avaliaram os custos médicos por toda a vida de um doente de FC em cerca de 200 mil dólares (apenas 110 mil libras, portanto metade da estimativa britânica), ao passo que o custo de cada teste foi estimado em mais de 200 dólares (pelo menos cinco vezes mais que a estimativa britânica). Segundo o cálculo americano, o custo para evitar o nascimento de uma criança com FC seria de mais de 1 milhão de dólares. Com base nessa análise, a testagem para detecção de portadores de FC imporia custos extras significativos ao sistema de saúde.

A avaliação americana do custo de um único teste é extraordinariamente alta se comparada à britânica. Em grande parte, isso pode ser reflexo das diferenças existentes entre os sistemas de saúde dos dois países. Se o Reino Unido decidisse empreender testagens em massa, o teste de bochecho poderia ser administrado por clínicos locais, que se incumbiriam também de fornecer um aconselhamento genético preliminar. Assim, a aplicação do teste e o aconselhamento genético inicial não envolveriam nenhum custo extra para o serviço de saúde. As análises poderiam ser feitas por um laboratório de ADN local, também financiado pelo Serviço Nacional de Saúde. Nos Estados Unidos, em contrapartida, um número muito menor de pessoas dispõe do atendimento básico de um médico com papel similar ao CG britânico, de modo que qualquer teste tende a ser aplicado por especialistas, o que envolve maiores custos. A análise seria feita por companhias privadas, com fins lucrativos, e o aconselhamento genético também ficaria a cargo de especialistas. Assim, a prestação do mesmo serviço tende a ser mais cara no sistema americano do que no britânico.

As atitudes dos médicos americanos com relação à genética tendem a reforçar essa tendência. Em 1974 um levantamento feito entre pediatras, obstetras e clínicos de família a serviço do Conselho Nacional de Pesquisa dos Estados Unidos concluiu que menos de 2% dos entrevistados acreditavam que os clínicos tivessem competência para dar aconselhamento genético. Isso talvez não deva surpreender, já que, até 1985, 20% das escolas de medicina dos Estados Unidos não incluíam a genética entre as disciplinas oferecidas. No entanto, só uma parte muito pequena dos entrevistados no levantamento de 1974 pensava que os clínicos deveriam receber maior formação em genética: a maioria era favorável à existência de clínicas de aconselhamento especializadas ou pensavam que o aconselhamento devia ser feito por conselheiros com formação específica.

Vale a pena indagar também se a população dos Estados Unidos em geral iria valer-se da oportunidade de passar por testes de detecção de doenças genéticas tão prontamente quanto os grupos tomados como amostra no Reino Unido. A situação americana é complicada, já que os seguros de saúde privados constituem o principal sistema de prestação de assistência médica básica. As companhias seguradoras existem para obter lucros, e para isso selecionam seus segurados com base na avaliação estatística de que eles são mais saudáveis do que a média. Diante de uma pessoa que represente um risco maior, a companhia seguradora nega o seguro ou cobra prêmios mais elevados.

A testagem para detecção da anemia falciforme deu origem a casos de discriminação em planos privados de assistência médica, e casais com o risco de ter um filho com FC poderiam encontrar dificuldades em obter um seguro nos Estados Unidos, já que a empresa seguradora temeria o ônus representado por uma criança com essa doença. Um poderoso motivo econômico atua, portanto, contra a aplicação de qualquer teste. Essa argumentação contra a testagem poderia parecer irrefutável. É difícil, no entanto, suprimir o sentimento de que é perverso deixar de usar uma tecnologia capaz de evitar o nascimento de crianças com FC quando ela é plenamente disponível. Desde que os testes possam ser aplicados de maneira a compensar os custos, a identificação dos casais portadores da mutação da FC não pode deixar de ser do interesse de todos. É do interesse dos que serão identificados, pois terão assim maior conhecimento de sua condição reprodutiva e poderão agir, se o desejarem, de modo a evitar o nascimento de um filho afetado pela doença. Essa ação reduziria a soma total de sofrimento humano no futuro — um fim moralmente desejável em si mesmo. Se a testagem compensasse os custos, haveria o benefício prático de reduzir a carga que as doenças genéticas representam para o orçamento geral destinado à saúde, liberando assim mais dinheiro para ser usado no alívio de outros sofrimentos.

A orientação de mercado do sistema econômico americano deveria supostamente permitir a cada um perseguir os próprios objetivos, com a presunção de que o bem comum será mais bem servido se os indivíduos forem livres para tomar as próprias decisões econômicas. Na verdade, na área da saúde, a questão da doença genética demonstra muito claramente haver situações em que, se cada um se guiar pelas próprias necessidades, todos ficarão em pior situação do que se estivessem unidos na busca de uma meta comum. Um dos aspectos mais revolucionários do Projeto Genoma Humano poderá ser o de solapar o sistema de assistência médica vigente nos Estados Unidos. É provável que se conclua que apenas um sistema de saúde socializado, como o Sistema Nacional de Saúde britânico, é compatível com uma tecnologia médica que inclua amplas testagens genéticas.

Uma questão básica em qualquer programa de testagem genético é a da privacidade — a de quem pode ter acesso aos resultados dos testes genéticos. À primeira vista, pode-se pensar que alguns dos problemas anteriormente assinalados poderiam ser resolvidos por uma legislação que simplesmente proibisse o acesso das companhias seguradoras aos resultados de testes. Mas, como será examinado adiante, a questão não é clara e as companhias seguradoras poderiam alegar, com razão, que uma legislação como essa as poria em situação de injusta desvantagem. Nos Estados Unidos, elas já declararam seu desejo de ter acesso aos resultados de testes genéticos no futuro e, embora na Europa as seguradoras não tenham tratado da questão com a mesma urgência, há pouca dúvida de que chegarão à mesma conclusão. Se nenhuma solução for encontrada, é provável que a receptividade aos testes genéticos nos Estados Unidos continue baixa, que persista um sofrimento humano evitável e que os serviços de saúde venham a custar mais caro do que seria necessário caso fossem outras as circunstâncias.

Mesmo deixando de lado essas considerações comerciais, a testagem genética e o aborto seletivo por si mesmos criam novos problemas, pois, se determinada doença passar a se tornar cada vez mais rara, o interesse público em descobrir tratamentos para ela pode diminuir. Grande parte da pesquisa médica é financiada por entidades filantrópicas, e elas poderão ter mais dificuldade em angariar dinheiro se o número de casos de uma doença na sociedade diminuir. Além disso, as crianças que fossem diagnosticadas *in utero* como afetadas por um distúrbio genético e cujos pais decidissem não interromper a gravidez poderiam vir a questionar a decisão dos pais — tanto mais se a doença estiver se tornando mais rara e os nascidos com ela forem objeto de um estigma proporcionalmente maior. Já foram movidas com sucesso, junto aos tribunais americanos, ações judiciais por "vida injusta", e crianças com defeitos de nascença tiveram reconhecidos seus direitos de compensação por danos sofridos. Na Califórnia, no caso de uma criança nascida com a doença de Tay-Sachs, os pais foram indenizados porque, segundo o tribunal, por negligência, tinham deixado de ser advertidos de que eram portadores da mutação Tay-Sachs, o que os privara da opção pelo aborto. A própria idéia de "vida injusta" parece paradoxal, pois como poderia uma criança estar sendo injustiçada por viver? Em geral, privar alguém da vida é que se considera um ato injusto. Os precedentes legais nos Estados Unidos parecem ser, na verdade, um modo de fornecer aos pais de uma criança atingida uma compensação que lhes permita cuidar dela. Casos de "vida injusta" têm sido recusados por tribunais britânicos.

Até aqui, essa discussão se concentrou em doenças que se manifestam de imediato. Há outras, porém, cujos efeitos aparecem muito mais tarde. Elas recaem em duas classes: defeitos monogênicos, como a coréia de Huntington e algumas raras formas hereditárias do mal de Alzheimer; e doenças poligênicas, como as do coração, o diabetes e o câncer. Tanto a coréia de Huntington quanto as formas hereditárias do mal de Alzheimer são raras e em ambas a presença de um gene alterado é decisiva — toda pessoa que o tiver desenvolverá inevitavelmente a doença. Por outro lado, o câncer, o diabetes e as doenças cardíacas são comuns e resultam tanto de uma sutil interação entre genes e meio ambiente como da ação combinada de vários genes. Exceto em casos hereditários muito raros, não há nenhum "gene do câncer" nem qualquer relação simples de causa e efeito entre a posse de determinado gene mutado e o desenvolvimento posterior dessa doença. Embora as duas classes de doenças sejam de manifestação tardia, elas suscitam problemas morais diferentes.

O primeiro problema é decidir se há algum sentido em desenvolver um teste genético para males como a coréia de Huntington ou o mal de Alzheimer hereditário quando inexiste qualquer esperança de tratamento ou mesmo de abrandamento desses males. Um adulto cuja mãe ou pai morreu de coréia de Huntington já saberá por isso que corre o risco de ter a doença (as chances são de 50%). Um teste resolverá definitivamente a dúvida (com margem de erro de 2 a 5%). Isso é bom para os que descobrem não ter a mutação, mas equivale a uma sentença de morte para os que se descobrem portadores do gene fatal. Essa informação toldará inevitavelmente os anos de saúde que lhes restam, antes do início da doença. Nancy Wexler avalia que há duas categorias principais de indivíduos sob risco: "Pessoas que vivem bem e não têm nenhuma razão premente que as leve a querer saber não procuram fazer o teste. Mas há também as que não são capazes de suportar a ambigüidade, que alegam que vêm tendo uma vida conturbada há 40 anos e dizem: 'Não tenho nada a perder.'" Em relação aos que se apresentam para ser testados já adultos, diz ela: "É preciso desenvolver um grande trabalho de aconselhamento, para verificar se a pessoa precisa do teste — muita gente precisa mais de aconselhamento que de teste. Meu temor é que haja pouco pessoal disponível: há apenas cerca de 1.500 conselheiros genéticos nos Estados Unidos." Concluindo, ela diz que apenas 1/10 dos que se apresentam são de fato testados. Essa situação contrasta fortemente com a receptividade aos testes para detecção de portadores de FC no Reino Unido. Mas, embora os americanos possam ter boas razões para temer os efeitos de um teste positivo para coréia de Huntington em suas chances de fazer um seguro de saúde, os testes para doenças de manifestação tardia têm tido pouca receptividade também no Reino Unido, o que indica que motivações pessoais podem ser mais importantes que as econômicas.

Os laços de família fornecem um segundo argumento em prol da testagem em casos de doenças como a coréia de Huntington. O teste pré-natal pode avaliar a condição genética de um feto, verificando se o gene foi transmitido a gerações futuras. Se o teste revelasse a presença do gene mutado num feto, isso indicaria não só que a criança sofreria a doença, mas também a posse do gene pelo pai ou mãe em condição de risco. Portanto, um diagnóstico fetal positivo revelaria também a doença do pai ou da mãe. Se o feto estivesse livre da mutação, contudo, essa condição continuaria desconhecida.

Há uma grande diferença entre esses casos e o teste pré-natal para FC e outras doenças de início imediato. Ao longo deste livro, foi tacitamente admitido que o aborto para evitar o nascimento de uma criança incapacitada por um defeito genético é moralmente aceitável, embora algumas das maiores religiões do mundo — a Igreja Católica Romana e grande parte do islamismo — não concordem com isso e, no caso da FC, por exemplo, muitas crianças afetadas possam levar vidas felizes e plenas durante muitas décadas, graças aos modernos tratamentos médicos. No entanto, mesmo as pessoas que consideram o aborto "terapêutico" moralmente aceitável poderiam hesitar ante a idéia do aborto por ser o feto portador do gene da coréia de Huntington. Se nascesse, essa criança poderia esperar uma vida livre de limitações durante 35 a 45 anos, antes da instalação da doença. Na verdade, as chances de sobrevida são tais que um portador dessa mutação pode morrer "prematuramente", num acidente de carro, por exemplo, e jamais chegar a sofrer a doença. É moralmente justificável privar um feto da perspectiva de décadas de saúde por temor de uma doença que se manifestará depois? Uma resposta possível é que os termos da questão são falsos. Wexler assinala que os possuidores do gene já terão acompanhado a deterioração progressiva de um de seus pais ao longo de mais de dez anos. Vivem sob o temor de que, se eles próprios tiverem o gene, seus filhos serão obrigados a cuidar deles e desejariam poupá-los dessa experiência. "Assim, não são 40 anos livres de inquietações", diz ela.

A questão moral torna-se ainda mais aguda no caso de doenças poligênicas, como as cardiopatias, o diabetes, o câncer e a esquizofrenia. Talvez seja enganoso considerá-las em conjunto, pois estão sob diferentes graus de "controle" genético. Segundo sir David Weatherall, "é muito provável que algumas pessoas estejam predestinadas a ter diabetes". O diabetes de início tardio, ou não-dependente de insulina (tipo II), parece resultar da ação de vários genes, mas, nas palavras dele, é "muito fortemente genético". Em gêmeos idênticos, quando um dos irmãos tem diabetes de tipo II, há uma probabilidade esmagadora de que o outro vá tê-la também. Já no caso da doença do coração, a probabilidade de um segundo gêmeo apresentá-la quando o primeiro foi afetado é de apenas 20%, o que sugere uma associação genética muito mais fraca. A maior parte dos tipos de câncer parece resultar de danos sofridos por genes durante a vida adulta, devendo portanto ser conseqüência da interação entre genes e meio ambiente — o hábito de fumar e a exposição a raios X e a outras radiações constituem duas das causas ambientais de câncer conhecidas.

Suponha-se, contudo, que os genes que controlam o início do diabetes fossem isolados, permitindo a identificação de um padrão característico com 100% de poder preditivo. Uma conseqüência seria o desenvolvimento de testes para a detecção dos predestinados a ter a doença. Um teste pré-natal acabaria, sem dúvida, sendo possível. Seria ele moralmente admissível? A criança teria de viver com o conhecimento da futura doença, mesmo que fosse possível, por uma escolha de estilo de vida, evitá-la ou minimizá-la. Mas, se a prevenção não fosse possível, a ignorância seria preferível. Uma criança criada com tal informação poderia sem dúvida passar a odiar os pais por tê-la trazido ao mundo com essa carga. Diante disso, seria moralmente aceitável abortar um feto com resultado positivo num teste para diabetes de início tardio? O próprio ato de se submeter ao teste poderia certamente condicionar a conduta a ser adotada em caso de diagnóstico positivo, não porque a doença prevista seja tão severamente incapacitante (não é), mas porque o conhecimento da própria predestinação o é.

Que acontece então no caso das doenças poligênicas de início tardio cuja manifestação não pode ser prevista com 100% de certeza? Suponha-se que, em algum momento no futuro, houvesse um teste pré-natal para a propensão à doença cardíaca, mas que fornecesse apenas probabilidades. Se há justificativa para que pais interrompam a gravidez de um feto com 98% de chance de ter a coréia de Huntington mais tarde em sua vida, que nível de probabilidade justificaria o mesmo ato quando o feto tivesse propensão a ter mais tarde uma doença cardíaca — 80%, 60%, 40%?

A existência de testes que revelassem a susceptibilidade herdada a males como o câncer ou a doença cardíaca não suscitaria problemas morais apenas para futuros pais. Esses testes tornariam mais agudos os problemas de política pública em países com sistemas privados de saúde. Pessoas com predisposição herdada para o câncer podem mudar o fator ambiental de modo a evitar ou pelo menos adiar o desenvolvimento da doença. Podem parar de fumar e alterar sua dieta, por exemplo. Isso seria, sem dúvida, muito positivo para os indivíduos. Considere-se, porém, a situação do ponto de vista dos que fornecem assistência médica e suponha-se, por um momento, que nenhuma dessas ações preventivas fosse possível.

Num sistema de saúde socializado, isso simplesmente não tem importância. Todas as pessoas do país são atendidas por um serviço de saúde que é montado para lidar com a taxa média nacional de mortalidade por câncer. A disponibilidade de testes genéticos não alteraria os números atuariais relativos à taxa anual de mortes (pressupondo-se a impossibilidade de qualquer ação preventiva), de modo que os custos para o sistema não se alterariam. Na verdade, nesse modelo não há nenhuma vantagem no fato de as pessoas conhecerem sua susceptibilidade genética (e provavelmente grande desvantagem psicológica pessoal), ao passo que a aplicação dos testes representaria em si mesma um custo. É provável, portanto, que um sistema de saúde socializado não utilize esses testes genéticos, a menos que eles prometam algum benefício em termos de melhor saúde e vida mais longa para o indivíduo testado. Em contrapartida, um sistema de saúde privado, baseado em seguros de assistência médica, tende a usar testes genéticos em razão dos benefícios que proporcionam às empresas seguradoras, e não aos indivíduos testados. É obviamente do interesse de uma companhia de seguros de saúde ser capaz de se certificar de que seus segurados não vão demandar o dispendioso tratamento de um câncer em idade precoce.

Mas antes que os britânicos ou outros tripudiem das óbvias deficiências do sistema privado de saúde dos Estados Unidos, cabe lembrar que o atendimento médico-hospitalar não é o único serviço prestado pelo sistema de seguros. Planos de aposentadoria são freqüentemente financiados por companhias de seguros. Minha profissão de jornalista é notoriamente fluida: poucos jornalistas permanecem num emprego por tempo suficiente para se beneficiar de um plano de aposentadoria da empresa. Para prover minha subsistência e da minha mulher na velhice, ingressei recentemente num plano pessoal de aposentadoria assegurado por uma apólice de seguro de vida. O formulário de solicitação continha uma cláusula que autoriza a companhia seguradora a solicitar "informação médica de qualquer médico que me tenha atendido em qualquer momento com relação a qualquer coisa que afete minha saúde física ou mental". A companhia admite que, com base na Lei de Acesso a Relatórios Médicos, aprovada pelo Parlamento do Reino Unido em 1988, eu tenho maior controle sobre o uso de meus próprios registros médicos e direitos adicionais como consumidor. Entre eles está o direito de impedir que a companhia seguradora veja meus registros. Se eu quiser exercer esse direito, porém, fico impedido de ingressar no plano de aposentadoria e, portanto, de assegurar minha subsistência na velhice. Quando os testes genéticos se tornarem disponíveis, se é que isso vai ocorrer, terão meus seguradores direito de acesso aos resultados? Uma vez que a sociedade já aceita que as companhias seguradoras tenham acesso a registros médicos, alguns poderiam considerar que permitir o acesso aos resultados de testes genéticos seria uma ampliação sem importância de um princípio já aceito.

Mas dar às companhias de seguro de saúde acesso a registros genéticos pode ser desvantajoso para todos. Os indivíduos podem pensar, com razão, que nada podem fazer quanto à sua constituição genética — nasceram com ela, não a escolheram e não a podem alterar — e que, portanto, não deveriam ser punidos por questões sobre as quais não têm nenhum controle pessoal.

Numa sociedade que respeita o direito à privacidade e à propriedade privada, poderia algo ser mais pessoalmente privado que a constituição genética de alguém? Portanto, poder-se-ia dizer, a informação sobre a constituição genética de uma pessoa deveria permanecer privativa, exclusivamente dela. Mas a questão é confusa. Para começar, a esposa e os filhos de uma pessoa certamente teriam direito a essa informação. De maneira mais geral, há a questão de justiça entre o segurado e sua companhia seguradora. Todo seguro é uma aposta. Se eu sei que tenho predisposição genética à doença cardíaca e a companhia seguradora não sabe, estou em condições de alterar minhas chances de ganhar: posso fazer um seguro muito mais alto. Como Wexler comenta: "Tudo que é garantido por seguro de vida constitui um grande problema. Caso soubessem que correm risco, as pessoas poderiam fazer seguros enormes e torcer as estatísticas." Por outro lado, também a companhia poderia tentar torcer as estatísticas, recusando-se a dar cobertura aos que os testes indicam estar sob risco genético. Wexler acredita que, nessa circunstância, a única maneira de obter uma cobertura seria conseguir um emprego que proporcionasse uma aposentadoria sem exigir testagem genética.

Nos Estados Unidos a preocupação concentrou-se na possibilidade de que o emprego venha a se tornar a arena da testagem genética. Os empregadores têm potencialmente dois interesses comerciais na aplicação de testes genéticos a seus trabalhadores. Alguns indivíduos, como por exemplo os portadores da deficiência G6PD, adoecem se expostos a certas substâncias químicas que podem estar usualmente presentes no local de trabalho; assim, se os que correm esse risco forem identificados por testes, será possível designá-los para tarefas em que não ficarão expostos dessa maneira. O segundo interesse é muito diferente e, mais uma vez, está relacionado com o sistema privado de seguros de saúde. A maioria das pessoas nos Estados Unidos depende de seus empregadores para a provisão de serviços de saúde. O custo dos prêmios dos planos de saúde tem-se elevado espantosamente nos últimos anos e muitas grandes empresas estão adotando planos próprios de saúde. Grandes empregadores assumem diretamente o risco pela assistência médico-hospitalar de seus empregados em vez de pagar seguros. Eles poderiam, portanto, ter interesse em testar empregados e candidatos a empregos para excluir os que tendem a desenvolver doenças dispendiosas. O motivo, nesse caso, é muito diferente do que está em jogo no caso hipotético da G6PD. A preocupação seria simplesmente excluir os que estão sob o risco de desenvolver mais tarde uma doença que viria a aumentar os gastos da companhia com saúde.

Para avaliar a extensão da testagem e do monitoramento genético em locais de trabalho, a Agência de Avaliação Tecnológica, órgão do Congresso dos Estados Unidos, fez em 1989 um levantamento entre as 500 maiores companhias do país, segundo a *Fortune*, juntamente com as 50 maiores empresas prestadoras de serviços, 33 sindicatos e uma amostra de mil outras empresas, todas com mais de 1.000 empregados. O levantamento veio atualizar um outro, feito em 1982. Surpreendentemente, constatou-se pouco ou nenhum aumento no número de empresas que fazem testagem ou monitoramento genético no local de trabalho. Nenhuma das empresas pesquisadas pretendia usar a análise direta do ADN nos cinco anos subseqüentes ao levantamento. É possível, porém, que essa preocupação com a testagem no local de trabalho esteja sendo prematura, e isso por duas razões: uma relacionada à tecnologia, a outra à ciência da diagnose genética. A tecnologia para a coleta e a análise de amostras de ADN de maneira barata e eficaz não existia na época em que o levantamento foi feito. Além disso, esses testes só existem atualmente para um espectro limitado de distúrbios. Os males mais comuns em que há componentes genéticos, como a doença cardíaca e o câncer, são distúrbios poligênicos complexos, cuja base genética subjacente ainda está por ser desvendada. Conseqüentemente, testes preditivos baseados em análise genética não serão desenvolvidos num futuro próximo. Resta verificar se as empresas conservarão a atual falta de interesse pela testagem genética se e quando testes baratos para doenças mais comuns estiverem disponíveis.

Certo tipo de discriminação genética nos locais de trabalho já existe. O daltonismo hereditário é um exemplo interessante, pois foi reconhecido muito antes da invenção dos métodos modernos de análise molecular. Alguns trabalhos são vetados aos que têm esse defeito: um daltônico não pode ser piloto de uma companhia aérea comercial. À primeira vista, isso fornece um bom argumento em defesa da afirmação de que a constituição genética de uma pessoa não pode ser sua propriedade confidencial — afinal, é do interesse público que os aviões sejam pilotados com segurança, e a incapacidade de distinguir o vermelho e o verde poderia representar grave obstáculo. Nesse caso, porém, não se está negando determinado emprego a uma pessoa por ser ela portadora de um gene; o impedimento surge porque o defeito determinado pelo gene está efetivamente expresso — o que ocasiona a interdição é a deficiência efetiva. A companhia aérea está interessada no efeito, não na causa, e embora o efeito possa revelar parte da constituição genética do homem, essa não é uma informação relevante.

Uma discriminação genética desse tipo é aceita por duas razões. Em primeiro lugar, porque a deficiência em questão afèta a segurança dos demais. Em segundo, simplesmente porque exemplos desse tipo são extremamente raros, uma vez que nosso conhecimento dos defeitos genéticos é relativamente pobre. Em decorrência do programa do genoma humano, porém, esse conhecimento poderá crescer espantosamente e as oportunidades para decisões mais delicadas no plano da seleção genética de trabalhadores aumentarão enormemente no futuro.

Considere-se o caso da predisposição genética ao câncer. Poderia ser do interesse da indústria de energia nuclear, por exemplo, testar candidatos a emprego para assegurar que só os menos suscetíveis que o normal fossem admitidos para trabalhar em áreas radiativas. Seria possível imaginar uma empresa menos escrupulosa do que as que operam atualmente na Grã-Bretanha decidindo, implícita ou explicitamente, que, já que seu programa de testagem selecionara apenas empregados com propensão ao câncer abaixo da média, ela não precisaria gastar muito do dinheiro dos acionistas na manutenção de baixos níveis de radiação. Se tanto os genes quanto o ambiente contribuem para o câncer, até agora a sociedade só foi capaz de alterar uma dessas variáveis — a quantidade de radiação no local de trabalho. Os testes genéticos, porém, tornarão possível alterar a primeira variável — a estrutura genética da força de trabalho —, mediante a seleção exclusiva de indivíduos com a constituição genética desejada. Nesse caso, seria menos imperativo reduzir a dose de radiação a que os trabalhadores estariam expostos porque, graças a seu perfil genético, eles seriam mais capazes que a média de resistir a seus efeitos carcinogênicos.

Na prática, é improvável que isso venha a ocorrer. A preocupação pública com a energia nuclear já é tão grande que nenhum órgão regulador governamental nem a opinião pública permitiriam esse tipo de barganha. Situação semelhante poderia surgir, porém, em circunstâncias mais ambíguas. E, sejam quais forem os detalhes, é preciso perguntar se há de fato algo de necessariamente chocante nesse tipo de tentativa. Quem pode dizer onde reside o equilíbrio na prevenção do câncer?

A capacidade de alterar fatores genéticos onde antes somente as influências ambientais podiam ser controladas terá impacto em outras áreas da vida. Uma das mais sensíveis será talvez a da educação e da inteligência.

Algumas famílias britânicas abastadas consideram desejável enviar seus filhos para Eton. Até hoje os pais têm de inscrever o garoto praticamente quando ele nasce. No futuro, se padrões acadêmicos cada vez mais elevados vierem a acirrar a competição por vagas, é possível que venham a descobrir que isso já não basta e que terão de apresentar o perfil genético do feto, semanas depois de sua concepção, para certificar que o futuro aluno de Eton será extremamente inteligente. Outros pais, no futuro, poderão tentar abortar fetos seletivamente, até conceber um cujos testes genéticos pré-natais indiquem ser possuidor da combinação correta dos genes da inteligência. O Dr. Robert Goodman, do Instituto de Psiquiatria, em Londres, acredita que dentro de cinco a dez anos poderá ser possível detectar no ADN humano padrões característicos correlacionados com altos níveis de inteligência. Para outros cientistas, essa previsão subestima as dificuldades envolvidas na correlação de genes com a inteligência, mas esse é um campo tão obviamente propício a abusos que é indispensável discutir publicamente as questões éticas e morais envolvidas, antes que o poder da genética seja utilizado na previsão da futura inteligência de um feto.

Goodman teme que, se o diagnóstico pré-natal vier a ser capaz de identificar os genes associados com a inteligência, haja "considerável terreno para abusos". Podemos imaginar, diz ele, alguns pais usando o aborto seletivo até conseguirem uma criança com o perfil genético desejado, associado à inteligência elevada, ou até optando pela fertilização *in vitro* e a testagem de embriões, para implantar apenas os que exibam as características desejadas. Já se abusou assim do diagnóstico pré-natal do sexo de um embrião — em geral para abortar embriões femininos. Não importará, acredita ele, que os processos sejam caros ou mesmo que a predição genética só venha a explicar 20% da variação da inteligência. "Basta ver o quanto alguns pais se dispõem a gastar com escolas particulares na esperança de aumentar o êxito dos filhos em sua carreira acadêmica." Pode tornar-se possível para eles, continua Goodman, alcançar o mesmo objetivo a um custo menor por meio do aborto seletivo orientado por previsões genéticas, mesmo que relativamente imprecisas.

A inteligência resulta da atuação conjunta de muitos genes e de sua interação com o meio ambiente. Segundo Goodman, embora muitos genes contribuam para a inteligência, poderia haver um número menor deles que respondessem, por exemplo, por cerca de 10% da sua variação. Se for esse o caso, ele está convencido de que poderão ser localizados dentro de dez anos. No entanto, se houver mil genes envolvidos, cada um respondendo apenas por 0,1% da inteligência, "não haverá esperança de encontrar todos eles". Goodman acredita que a situação real esteja provavelmente em algum ponto entre esses dois extremos, com o envolvimento de grande número de genes, alguns dos quais teriam papéis mais importantes.

A pesquisa da relação entre inteligência e genética poderia ter efeitos benéficos. Por analogia com o caso da FCU, poderia tornar-se possível identificar fatores presentes na dieta dos que tivessem dificuldades de aprendizado, de modo a que uma mudança alimentar pudesse atenuar seu déficit mental. Mas, dada a tentação de fazer mau uso de todo conhecimento novo, a sociedade deve decidir se precisa ou não estabelecer normas para evitar que pesquisadores cheguem sequer a investigar certos caminhos.

A seleção das características de um filho não se limitará necessariamente à inteligência. Alguns pais poderiam optar por abortos seletivos por motivos frívolos — para assegurar uma prole com olhos azuis e não castanhos, por exemplo. Na perspectiva atual, uma sociedade em que ações desse tipo fossem costumeiras — ou mesmo que fossem permitidas, embora ocorressem raramente — seria muito pouco atraente. Parece improvável que muitos casais fossem valer-se assim da tecnologia, pois a aplicação de uma abordagem tão calculista e mecanicista à questão da reprodução seria esteticamente desagradável. Mas, por mais antiestéticas que sejam, não é fácil mostrar que essas práticas esticam a moralidade além dos limites do que atualmente já é considerado aceitável. Tampouco é fácil imaginar como práticas desse tipo poderiam ser efetivamente proibidas.

Considere-se por um momento a posição dos pais e da criança. Pode-se esperar que os pais, tendo conseguido um filho com as características genéticas que desejavam, acarinhem a criança e cuidem dela com mais atenção e devoção do que o fariam de outra forma. Do mesmo modo, a criança crescerá com a certeza de que não foi a conseqüência de uma chance cega — o número premiado da loteria genética —, mas seus pais tiveram trabalho (e despesa) para promover seu nascimento.

É difícil ver como alguém poderia ficar traumatizado ou prejudicado com esse procedimento: ao contrário, parece que todos seriam beneficiados. Os únicos prejudicados seriam os fetos não levados a termo. Têm eles algum direito a consideração moral? Atualmente, na maioria dos países ocidentais, poucas pessoas seriam contra a interrupção de uma gravidez se a alternativa fosse o nascimento de uma criança com uma doença fatal — Tay-Sachs, por exemplo — , ou mesmo uma deficiência invalidante. A justificativa é que tal criança não se beneficiaria de uma "vida proveitosa", ao passo que seus pais poderiam mais tarde conceber uma capaz de ter uma vida proveitosa. A questão, portanto, é a definição de "vida proveitosa". Nas sociedades industriais, é claramente vantajoso ter inteligência acima da média — a vida é mais proveitosa; sendo assim, por que os pais deveriam ser legalmente impedidos de alcançar esse objetivo para seus filhos, se a tecnologia o permitisse? Chegando ao extremo, poder-se-ia afirmar que, se a tecnologia para essa testagem genética estivesse disponível mas a sociedade proibisse seu uso, alguns pais poderiam indignar-se com seus fihos não-escolhidos, que portanto não teriam uma vida feliz e plena — mesmo que imaginemos que eles seriam de fato muito poucos.

Na verdade, é difícil conceber como tais práticas poderiam ser proibidas. Casais já se submetem a testes genéticos e exames pré-natais para a detecção de doenças genéticas conhecidas. Iria seu clínico, no futuro, comunicar-lhes somente alguns e não todos os resultados dos testes feitos no feto? O perfil genético do feto é conseqüência dos genes dos pais — o médico é um mero intermediário habilitado que interpreta o perfil genético para os pais. Se há algum direito à propriedade da informação genética, ele deve certamente caber ao casal, não ao médico.

Até agora a discussão da inteligência tem-se concentrado exclusivamente nas motivações e ações de indivíduos na qualidade de futuros pais. Talvez a sociedade também tenha interesse nisso, já que seria positivo haver uma profusão de gente mais inteligente por toda parte. Isso envolve dois perigos. Um é a questão elementar de que, assim como as pessoas são mais do que seus genes, assim também o caráter humano não se reduz à inteligência. O "valor" de um ser humano, tanto moral quanto pessoal ou social, depende de muito mais que sua mera capacidade intelectual. De todo modo, a inteligência tende a ser definida de maneira relativamente estreita, em geral com relação à capacidade acadêmica. Em termos da contribuição que um indivíduo poderia dar à sociedade como um todo, outros traços são igualmente importantes, se não mais. Poucos industriais, por exemplo, se distinguiram como intelectuais, e os sucessivos presidentes dos Estados Unidos também não brilharam em matéria de competência acadêmica. Um dos presidentes mais inteligentes dos últimos tempos, Jimmy Carter, foi um dos menos bem-sucedidos nos estudos. Os seres humanos são criaturas sociais e as comunidades em que vivemos dependem, para seu funcionamento sereno, da qualidade das interações que os indivíduos estabelecem entre si. Assim, a percepção e a compreensão humanas, o senso do certo e do errado, do que é um comportamento aceitável para o grupo em que se vive, são todas qualidades necessárias que não dependem de um nível de inteligência acima da média. Não há sentido algum em produzir uma geração de *Übermenschen* se eles vierem a tratar os menos favorecidos com uma crueldade arrogante, nascida da consciência de o quanto são privilegiados. Gerar aleijões morais superinteligentes não seria um grande avanço.

A segunda objeção a qualquer envolvimento da sociedade mais ampla numa questão como essa funda-se no problema de quem deveria controlar essa tecnologia e decidir que crianças deveriam nascer mais inteligentes que o normal. Exceto em poucas comunidades, como os judeus hassídicos de Nova York, já mencionados, a maioria das pessoas acredita que as decisões sobre ter ou não ter filhos são pessoais, não cabendo à sociedade mais ampla, muito menos ao Estado, determinar essas escolhas diretamente. A sociedade e o Estado podem obviamente influenciar a decisão de uma pessoa de várias maneiras, mas isso é diferente de ditar a decisão. O ingresso do Estado ou da comunidade nessa área da vida privada com o objetivo de determinar os níveis de inteligência dos filhos das pessoas deve certamente representar uma invasão a que a maioria desejaria resistir. No entanto, a tecnologia necessária à reprodução seletiva será dispendiosa e seu racionamento, inevitável. Se as decisões forem deixadas aos casais individuais, o racionamento será feito com base no preço, e os ricos tenderão a ter acesso preferencial. Por mais injusto que isso seja, talvez seja preferível ao racionamento imposto pelo Estado.

Este capítulo percorreu um longo caminho a partir do parasito malárico e da doença genética que ele produziu. A distância, porém, é mais aparente que real, pois as mesmas questões são subjacentes aos testes para a maioria das doenças genéticas. A primeira delas diz respeito à justificativa do próprio teste — que benefício traz a informação de que uma pessoa é portadora de um defeito genético? A segunda liga-se ao acesso a esse conhecimento — quem tem o direito de saber que uma pessoa é portadora de defeito genético? Por enquanto, a primeira aplicação do novo conhecimento gerado pelo Projeto Genoma Humano será o desenvolvimento de testes genéticos. A terapia genética barata e eficaz ainda está muito distante, como se exporá no próximo capítulo. Diagnósticos sem esperança de cura tendem a ser a norma ainda por muitos anos. A principal aplicação da nova genética se dará provavelmente no diagnóstico pré-natal e, para alguns casais, resultará na interrupção de uma gravidez afetada. O benefício da nova genética tende a ser supreendentemente pequeno. De fato, o diagnóstico pré-natal tende a trazer consigo malefícios significativos, entre os quais o risco de estigma social e de discriminação no trabalho ou junto às companhias de seguros se os resultados dos testes genéticos vazarem da privacidade do consultório médico. No entanto, sempre há terceiros interessados nesses resultados, como o mostrou o caso do teste para a anemia falciforme, e alguns estranhos podem ter direito a esse conhecimento. Não sou dono de meus próprios genes; eles me foram "dados" por meus pais e eu os transmiti (ou pelo menos metade deles) a meus filhos. Minha família imediata tem um interesse legítimo em conhecer minha constituição genética, portanto não posso afirmar que ela é minha propriedade privada. A curto prazo, porém, a questão mais importante a ser formulada pelo Projeto Genoma Humano é uma questão que a sociedade nem sequer começou a responder: quem mais tem direito de saber o que está escrito em meus genes e quem pode determinar de que modo devo agir a partir desse conhecimento?

# 7

# Troca de Genes

Tema de um filme de horror de Hollywood: o cirurgião genético está prestes a enxertar novos genes em seu paciente, a transformar a figura deitada na mesa de operação em uma nova espécie de superser ou em uma mistura medonha de homem e besta. De todos os desenvolvimentos associados à genética humana, a terapia genética é a que mais desperta temores de um Dr. Frankenstein dos nossos dias, a criar novas e monstruosas formas de vida. Na verdade, as perspectivas atuais da terapia genética são muito limitadas. A substituição de um gene defeituoso é apenas uma de duas maneiras logicamente distintas de lidar com a doença genética; a outra consiste em substituir a proteína deficiente. Esses procedimentos têm seus problemas morais correlatos, embora algumas das questões que suscitem sejam comuns à prática médica em geral e não exclusivas da ciência genética.

Mesmo assim, há novos temores. A preocupação tem-se concentrado no que aconteceria se a substituição de genes fosse empreendida, não para curar doenças, mas para realçar certas características em pessoas relativamente normais. Como este capítulo vai mostrar, esses sonhos provavelmente continuarão sendo ficção científica ainda por muitas décadas. Outra preocupação tem por objeto os efeitos da substituição de genes transmissíveis a futuras gerações, numa alteração permanente do legado genético da humanidade.

A ênfase nos genes leva a esquecer, contudo, que um gene nada mais é que uma via conveniente para a obtenção de uma proteína — é a proteína que faz dos seres humanos o que eles são. Em contraste com essa ênfase na engenharia genética, poucas pessoas manifestam temor diante da possibilidade de se alterarem as características de uma pessoa administrando-lhe doses adicionais das proteínas correspondentes a certos genes. Até hoje uma das primeiras coisas que se fazem quando se isola um gene humano é introduzi-lo em células de bactéria ou de outro organismo e fazer com que estas produzam a proteína correspondente. Por inverossímil que pareça, o modo como vivemos nossas vidas tem muito mais probabilidade de ser afetado pela introdução de genes humanos em bactérias para a fabricação de proteínas humanas a serem usadas como fármacos do que pela introdução desses genes em seres humanos.

A indústria da engenharia genética não é diretamente relevante para a história do mapeamento e seqüenciamento dos genes, mas terá papel de destaque entre as conseqüências do Projeto Genoma Humano. Uma retrospectiva da história de dois produtos da indústria biotecnológica ilustra amplamente tanto as promessas que faz a moderna genética de aliviar o sofrimento humano quanto os novos dilemas morais que ela pode suscitar. O dois produtos são proteínas humanas que outrora eram escassas, mas hoje são (relativamente) abundantes: o hormônio do crescimento humano, cuja história foi brevemente mencionada no Capítulo 4, e outro hormônio, a eritropoetina, cuja ação é aumentar o suprimento de glóbulos vermelhos sangüíneos. Um dos principais resultados do Projeto Genoma Humano será o isolamento de dezenas de milhares de genes humanos cujas proteínas correspondentes poderão ser produzidas em massa. Embora nem o hormônio do crescimento humano nem a eritropoetina tenham sido descobertos em decorrência do Projeto Genoma Humano como tal, eles antecipam o que vai acontecer. Se a sociedade tiver lidado bem com a súbita disponibilidade dessas proteínas, podemos confiar em sua capacidade de lidar com a avalancha de novas substâncias que se anuncia; se tiver feito mau uso delas, que lições poderemos extrair disso para evitar uma repetição?

Há na Grã-Bretanha cerca de 3 mil crianças cujos corpos não fabricam o hormônio de crescimento humano em quantidade suficiente para permitir o crescimento normal. Só muito raramente esse distúrbio se deve a um defeito hereditário; em alguns casos parece haver uma associação com complicações ocorridas durante o próprio parto, e em outros a causa é simplesmente desconhecida. Entre 1959 e 1985 essas crianças foram tratadas com injeções de hormônio do crescimento humano extraído das glândulas pituitárias de cadáveres humanos submetidos a autópsia. Essa era a única fonte do hormônio. Tragicamente, sem que os que extraíam o hormônio dos "doadores" humanos mortos o soubessem, constata-se agora que pelo menos um dos doadores devia estar desenvolvendo uma forma rara de degeneração cerebral, conhecida como doença de Creutzfeld-Jakob (DCJ). Essa doença parece ser similar à *scrapie*, que atinge os carneiros, e à "*mad cow disease*". Os protocolos para o preparo do extrato pituitário impediam o uso de tecido de pessoas que tivessem morrido de doença neurológica ou a apresentassem, mas na época os sinais da DCJ não eram detectáveis.

A doença pode ser transmitida por injeção de tecido cerebral humano contaminado, e é evidente que o agente infeccioso foi transmitido, juntamente com o hormônio de crescimento humano, a crianças sob tratamento para problemas de crescimento. Pelo menos oito das crianças tratadas desse modo morreram na Grã-Bretanha e o mesmo padrão de contaminação foi registrado em outros países, entre os quais os Estados Unidos, a França e a Austrália: desde então mais de 20 pessoas em todo o mundo morreram de DJC. A partir de 1985, no entanto, os médicos passaram a poder prescrever o hormônio de crescimento humano fabricado por engenharia genética (o processo foi descrito no Capítulo 4). Uma das primeiras companhias a atuar nesse campo chegou de fato a construir sinteticamente parte do gene em laboratório, usando as tesouras químicas das enzimas de restrição para cortar fora o restante, transferindo o gene para bactérias e reproduzindo-as em grande número em cultura. Desse modo, é possível produzir grandes quantidades do hormônio sem absolutamente nenhum risco de contaminação por DCJ. Todo o hormônio de crescimento humano usado atualmente em tratamentos é fabricado por esse processo.

Mas o suprimento abundante de hormônio de crescimento humano seguro suscita inesperados problemas éticos, pois ele está sendo usado agora para tratar crianças que, embora baixas, não sofrem de deficiência pituitária. A disponibilidade da droga praticamente isenta de riscos ocasionou um aumento de 300% no número de crianças em tratamento na Grã-Bretanha desde 1985. Como a droga ainda não é barata — a provisão para o tratamento de uma criança com nanismo durante uma semana custa cerca de 150 libras e para aumentar a estatura de uma criança em cerca de 2,5 centímetros pode ser necessário um programa de injeções ao custo de mais de 7.500 libras —, o preço tende a inibir seu uso mais amplo. Mesmo assim, sua disponibilidade está tornando menos precisa a distinção entre um medicamento, administrado como "remédio" para curar uma doença definida, e um "cosmético". Em geral, ser alto é uma vantagem em nossa sociedade — temos preconceito em relação à altura, assim como em relação à raça, ao sexo e à idade. Se o hormônio de crescimento humano está disponível agora, por que não deveria um pai dedicado buscar dar ao filho uma vantagem na vida — mesmo que não haja razão médica para que a criança receba a droga? Correm rumores de que médicos nos Estados Unidos estão tentando proporcionar aos próprios filhos, de altura normal, exatamente essa vantagem extra conferida pelo hormônio produzido por engenharia genética. Questões morais relativas ao acesso aos frutos da pesquisa genética vão tornar-se mais numerosas e mais agudas à medida que o Projeto Genoma Humano avançar, e o abuso, se é que há abuso, de proteínas sintéticas — indistinguíveis das naturais, pois são cópias exatas da proteína humana — será uma das primeiras questões que a sociedade terá de enfrentar.

Na verdade, o problema já se colocou. Em junho de 1991, um artigo publicado na *New York Times Magazine* chamou a atenção para o modo como a Genentech — um dos maiores fabricantes de hormônio de crescimento humano — estava incentivando o uso da droga em crianças baixas mas sem deficiência do hormônio, embora não haja clara comprovação clínica de que um suplemento de hormônio de crescimento humano transforme de fato crianças "normalmente" baixas em adultos mais altos. A Genentech havia investido pesadamente em biotecnologia, observava o artigo, tendo por isso considerável interesse em expandir o mercado para seu hormônio de crescimento humano e, assim, ressarcir-se de seus elevados gastos em pesquisa e desenvolvimento. "A Genentech começou a perseguir avidamente o grupo mais amplo de usuários potenciais a seu alcance", prosseguia o artigo. O que essas crianças tinham em comum, afirmou-se, era o fato de se incluírem, pela estatura, nos três percentis inferiores. Mas isso é uma medida estatística, que reflete a distribuição real das alturas das crianças. Poderia causar igual inquietação o fato de que, em qualquer amostra dada de crianças, cerca de metade se situará abaixo da média. Nos Estados Unidos nascem cerca de 3 milhões de crianças por ano e, quanto à estatura, cerca de 90 mil delas se situam abaixo do terceiro percentil — por definição. Se todas fossem tratadas com hormônio de crescimento humano, o mercado da droga chegaria a 8 bilhões de dólares. Mas, como assinalou um artigo publicado em 1990 no *Journal of the American Medical Association*, usar a inclusão nos três percentis inferiores como indicador de déficit de estatura é adotar um critério que embute uma escalada: mesmo que todas as pessoas ficassem cinco centímetros mais altas, continuaria havendo três percentis inferiores. Ainda que a altura média se tivesse elevado cinco centímetros, muitos continuariam abaixo da média.

A idéia central do artigo do *New York Times* era que a abundância de hormônio de crescimento humano estava alterando a definição de doença. O que, em tempos de escassez, fora condicionado a um critério relativamente preciso de nanismo causado por deficiência de hormônio de crescimento humano tornara-se agora mais difuso, a tal ponto que, pelo simples fato de ser bem mais baixa que a média, uma pessoa se tornava um caso adequado para tratamento. Essa demanda é estimulada pela discriminação existente contra os baixos e, numa economia de livre mercado, é comercialmente interessante para os fabricantes da fármacos atender a essa demanda. Assim, a indústria biotecnológica está fornecendo novas opções às pessoas. Anteriormente, os que tinham altura inferior à média não podiam fazer muita coisa além de aceitar sua condição e levar a vida adiante. Agora podem recorrer à terapia hormonal para mudar isso. Pressões comerciais estão apresentando uma questão para a qual não há resposta satisfatória: que é normal? A população humana é maravilhosamente diversa e variada, com uma distribuição de características e traços que se espalha largamente dos dois lados da "média". Mas a lição do hormônio de crescimento humano parece ser que, no caso da altura, os que estão abaixo da média nem sempre vêem nisso uma manifestação bem-vinda da diversidade humana, estando, ao contrário, dispostos a pagar grandes somas de dinheiro por longos tratamentos simplesmente para chegar mais perto da média. Alguns talvez se disponham a isso ainda que a eficácia do tratamento seja duvidosa. Os resultados dos testes clínicos de uma droga, especialmente no caso de um tratamento tão longo e de resultado imprecisamente definido, raramente são claros e isentos de ambigüidade. Os que são movidos por uma profunda infelicidade com sua "condição" extrairão da ambigüidade motivos de esperança e buscarão o tratamento, mesmo que ele só acene com uma pálida perspectiva de melhora.

Mas as redefinições de doença provocadas pelo hormônio de crescimento humano não se limitam ao plano da estatura. Há indícios, ainda controvertidos, de que em homens idosos uma série de injeções pode reverter em medida substancial a diminuição dos músculos e o acúmulo de gordura que acompanham o envelhecimento. Isso correlaciona-se com o conhecimento já estabelecido de que, à medida que as pessoas envelhecem, sua taxa de produção de hormônio de crescimento humano decresce. Como conclui o artigo do *New York Times*, "tratava-se de saber se administrá-lo [o hormônio de crescimento humano] a homens idosos, 40 anos ou mais depois de terem atingido a estatura definitiva, não seria simplesmente mais uma intromissão injustificada na natureza. Garotos baixos transformados em altos, velhos em mais jovens — idéias atraentes, talvez, mas onde tudo isso vai parar? Será que também o envelhecimento, tal como a baixa estatura, passará a ser visto como doença?"

Além de seu uso médico oficial, o hormônio de crescimento humano está sendo comercializado no mercado negro e usado por atletas para melhorar artificialmente o desempenho esportivo. Há provas claras do uso ilegal do fármaco por praticantes de fisicultura e jogadores profissionais de futebol americano e, ao que tudo indica, esse hormônio de crescimento humano produzido pela engenharia genética está sendo usado também por profissionais de outros esportes. Os atletas acreditam que ele aumenta os músculos e fortalece os tendões e ligamentos. Segundo a revista científica *Bio/technology*, o hormônio de crescimento humano está substituindo os esteróides anabólicos como produto clandestino para melhorar o desempenho. Como não é possível distingui-lo do natural, o hormônio sintético não é revelado pelos testes hoje rotineiramente administrados aos atletas que participam de competições importantes. A revista cita a descrição que Lyle Alzado, ex-membro de um time de futebol americano, o Los Angeles Raiders, fez do hormônio de crescimento humano: "É a droga preferida. Tomei hormônio de crescimento humano durante 16 semanas. Passei pelos testes da NFL [National Football League] sem ser detectado." O uso do hormônio de crescimento humano foi proibido pela NFL, pelo Comitê Olímpico dos Estados Unidos e pela Associação Nacional de Atletismo Universitário daquele país.

Não é de todo certo, porém, que o hormônio de crescimento humano melhore realmente o desempenho. Embora estimule a síntese protéica, nada assegura que aumente especificamente o crescimento dos músculos adequados. Um estudo sobre seu efeito em levantadores de peso demonstrou que de fato os que tomavam o hormônio ganhavam peso mais depressa do que um grupo semelhante que tomava placebo, mas esse ganho de peso era provavelmente devido à retenção de água e a um aumento de outros tecidos magros que não os músculos: tecido ósseo e conjuntivo, fígado, baço e rim.

Esse resultado não surpreende muito, uma vez que, na pecuária, o uso dos hormônios de crescimento em animais vem sendo promovido precisamente para aumentar a quantidade de tecido magro em gado vacum e em porcos, parecendo improvável que o hormônio análogo produza resultados diferentes em seres humanos. Seja qual for seu efeito a longo prazo, a demanda desse hormônio entre os atletas é tão grande que alguns negociantes empreendedores já começaram a vender hormônio de crescimento humano falsificado.

Embora talvez o hormônio de crescimento humano não faça nenhum bem aos atletas, provavelmente tampouco lhes causa grandes danos. O mesmo não pode ser dito das outras proteínas humanas feitas por engenharia genética que hoje são clandestinamente comercializadas entre eles. A eritropoietina (EPO) estimula a medula óssea a produzir glóbulos vermelhos e é usada no tratamento da anemia crônica. Ela pode ter contribuído também para a morte de nada menos que 18 ciclistas profissionais europeus num período de quatro anos. Pelo menos um incidente chegou ao conhecimento público: Lisa Draaijer, a viúva de Johannes Draaijer, um holandês de 27 anos que morreu durante o sono em 1990, acredita que a EPO pode ter contribuído para a parada cardíaca do marido e está empenhada em desestimular o uso dessa substância no esporte. Atletas de esportes de resistência, como o ciclismo, recorrem à EPO porque a droga aumenta o número de glóbulos vermelhos, e assim eleva a capacidade de transporte de oxigênio no sangue. Ao contrário do hormônio de crescimento humano, a EPO parece de fato produzir o efeito desejado. Numa investigação sobre o abuso dessa droga, a *Bio/technology* relatou um estudo que mostrara uma melhora de 10% no desempenho entre homens que tomavam a EPO. Mas há problemas: a maior concentração de glóbulos vermelhos no sangue pode favorecer a formação de coágulos e exercer uma pressão excessiva sobre o sistema cardiovascular. O efeito é exacerbado pelos próprios esportes de resistência praticados pelos atletas que tomam a EPO: o suor e a desidratação provocam uma concentração ainda mais elevada do sangue. Ele transforma-se de líquido em lama e, como os glóbulos vermelhos sobrevivem por até 120 dias, a pressão sobre o sistema cardiovascular persiste por muito tempo depois do evento para o qual o atleta estava tentando melhorar seu desempenho. Mais uma vez, é quase impossível detectar a presença da droga, já que se trata de EPO humana; mesmo assim, o Comitê Olímpico Internacional acrescentou-a à sua lista de substâncias proibidas.

Uma reação a esses estudos de caso relacionados ao hormônio de crescimento humano e à EPO poderia ser a pergunta: "E daí?" Há muitos anos os atletas vêm-se administrando drogas nocivas para ganhar uma vantagem ilícita sobre seus concorrentes, e algumas das drogas de uso corrente — esteróides anabólicos, por exemplo — têm efeitos pelo menos tão nocivos, se não mais, que qualquer das duas novas drogas. Os fabricantes dessas drogas, num movimento rápido e responsável, passaram a tentar evitar o escoamento de seus produtos para o mercado negro e persuadir os atletas dos perigos do uso desses fármacos. Nos últimos tempos, o mercado ligado aos esportes tem sido pequeno e não representa um abuso generalizado capaz de causar problemas à sociedade como um todo. Essas duas drogas têm interesse, porém, por serem exemplos do que podemos esperar quando os genes humanos tiverem sido isolados e postos a trabalhar dentro de bactérias (ou leveduras, ou qualquer outra coisa), produzindo em grandes quantidades as proteínas correspondentes.

Considere-se um exemplo hipotético. Um resultado do projeto genoma será identificar e isolar genes e proteínas que atuam nas células do cérebro humano. Suponha-se que pesquisas futuras venham a descobrir que uma dessas proteínas aumenta a velocidade com que as células nervosas transmitem seus sinais. Além disso, que camundongos de laboratório injetados com a correspondente proteína murídea resolvem problemas muito mais rapidamente que camundongos normais. Finalmente, que se conclua que pessoas com QI mais elevado têm maior concentração dessa proteína em seus cérebros que as de QI abaixo da média. Qualquer companhia comercial que tivesse a patente de uma proteína com esse pretenso poder de elevar o QI iria dominar um mercado de bilhões de dólares. Isso seria verdade mesmo que a eficácia da proteína fosse duvidosa. Pelo que se sabe do funcionamento do cérebro humano, é improvável que o aumento da velocidade da condução nervosa no cérebro contribua em alguma coisa para elevar a inteligência ou qualquer outra propriedade do gênero. É muitíssimo mais provável que o papel dos genes no desenvolvimento da inteligência seja determinar a conexão entre um neurônio e outro no cérebro, e que esse processo se complete bastante precocemente, de tal modo que tomar uma droga para aumentar a inteligência surtiria provavelmente pouco efeito. A inteligência (que não é a mesma coisa que QI) é claramente um componente complexo do comportamento humano, o qual depende em parte da constituição genética da pessoa e em parte da possibilidade que ela tenha tido de desfrutar de um ambiente estimulante, que permita ao cérebro expressar plenamente seu potencial. Além disso, muitos genes têm de trabalhar juntos em harmonia para produzir a capacidade que chamamos de inteligência: é evidente que não há um único gene para a inteligência, e diante disso a idéia de que um suplemento do produto de um gene poderia aumentar a inteligência é claramente equivocada. Na fermentação pública que se seguiria à descoberta de uma droga pretensamente capaz de aumentar o QI, porém, essas questões seriam postas de lado como críticas acadêmicas sem importância. O fato de não haver um único gene para a excelência atlética não impede os atletas de comprar produtos genéticos humanos no mercado negro — mesmo que as conseqüências possam ser fatais.

Apesar dessas ressalvas sobre a natureza do cérebro, alguns cientistas têm defendido vigorosamente a idéia de que a velocidade da condução nervosa está relacionada com o grau de inteligência. Arthur Jensen, um psicólogo educacional da Universidade da Califórnia em Berkeley, é um dos que acreditam haver uma correlação direta entre a velocidade com que os impulsos nervosos viajam e o nível de inteligência. O professor Jensen destacou-se publicamente pela primeira vez no final da década de 60 com suas idéias, muito discutíveis, de que o QI era predominantemente determinado por herança genética e que, dado que negros tinham obtido, numa série de testes de QI, escores mais baixos que brancos, a inteligência média dos negros era mais baixa que a dos brancos. A partir disso ele concluía que os programas inspirados pelo movimento de direitos civis da década de 60 para melhorar a condição dos negros americanos eram perda de tempo e dinheiro, pois a inferioridade dos negros era geneticamente predeterminada. As conclusões de Jensen são rejeitadas pelos geneticistas profissionais; segundo eles, Jensen forçou demais a conexão entre genes e inteligência, suas idéias são demasiado simplistas para serem adequadas a um atributo humano tão complexo como a inteligência, ele não compreendeu bem o significado da estatística e fez uma interpretação errada dos dados.

Apesar disso, em 1991, Jensen estava testando a velocidade com que sinais elétricos gerados no nervo óptico viajam através dos cérebros de estudantes que servem de sujeitos em suas experiências e, mais uma vez, interpretando os resultados em termos de categorias raciais. Uma imagem é instantaneamente projetada diante do sujeito, o nervo óptico "dispara" e, uma fração de segundo depois, uma atividade elétrica correspondente pode ser detectada na parte posterior da cabeça. Jensen usava as dimensões externas da cabeça do sujeito para calibrar a distância que o impulso nervoso tinha de percorrer e, a partir do intervalo de tempo entre estímulo e reação, calculava a velocidade. Ele afirma ter detectado diferenças significativas entre brancos (que são mais rápidos) e negros (cujos nervos são mais lentos). Nunca seria demais enfatizar o quanto são grosseiras essas mensurações e as hipóteses subjacentes, e é preciso sublinhar que todo esse trabalho está muito distante da corrente principal da pesquisa científica. Seja como for, uma pesquisa desse tipo está sendo realizada por um acadêmico graduado, numa das mais respeitadas universidades do mundo, e isso leva algumas pessoas a acreditar que há nela alguma verdade.

A sugestão de que certos compostos químicos poderiam elevar o QI recebeu extraordinária divulgação na Grã-Bretanha em 1991, quando se alegou que pílulas de vitamina tomadas como suplemento dietético podiam melhorar o desempenho de crianças. A pesquisa — a que estava estreitamente ligado um fabricante de suplementos vitamínicos — foi amplamente noticiada na mídia, e não de maneira crítica. De fato, as afirmações dessa virtude das vitaminas foram praticamente patrocinadas por um programa de televisão da BBC (embora esta esteja impedida de favorecer companhias comerciais) e endossadas por vários cientistas, entre os quais o professor emérito de psicologia do University College, de Londres, Hans Eysenck. Uma revista científica de que Eysenck é editor lançou um número especial com os resultados da pesquisa coincidindo exatamente com o programa de TV da BBC. Em 24 horas o estoque de vitaminas de praticamente todas as lojas se esgotou. No entanto, a maioria dos pesquisadores pessoalmente envolvidos com nutrição vê com certo ceticismo a afirmação de que vitaminas podem elevar a inteligência.

Há poucos indícios de que alguém na comunidade científica ou fora dela esteja considerando seriamente a possibilidade de o Projeto Genoma Humano vir a produzir desdobramentos desse tipo. E os ganhos comerciais não estariam ligados apenas a aumento de QI. É possível imaginar que, se fosse isolada uma proteína que, administrada a crianças, lhes assegurasse que teriam, quando adultas, uma cor de pele mais clara do que sem a droga, ela encontraria mercado entre a população afro-caribenha que vive na Europa e na América do Norte. (Sem poder valer-se de técnicas genéticas, o cantor pop Michael Jackson deve ter gastado parcela considerável de sua fortuna em cirurgias plásticas para mudar os traços negróides com que seus genes o dotaram e se transformar num simulacro de branco.) Outros produtos, entre os quais, por exemplo, drogas para reforçar a ação do sistema imune, para reduzir as probabilidades de câncer ou de doença cardíaca, poderiam também encontrar amplo mercado. Sucesso comercial ainda mais garantido teriam determinados preparados que pretensamente aumentassem a longevidade humana. Se há cerca de 100 mil genes por descobrir — mesmo que houvesse apenas 50 mil —, o potencial para a exploração da fragilidade humana é enorme. O Projeto Genoma Humano carrega consigo a possibilidade de criar uma nova geração de vendedores de elixires — muitos deles, como no passado, afirmando ser eles próprios cientistas e envolvendo suas promessas com a linguagem e a respeitabilidade da ciência.

Problemas podem ser gerados também a partir de erros científicos cometidos de boa fé. Vale a pena considerar um exemplo tomado de uma área completamente diferente da ciência: a fusão nuclear a frio. Em 1990 dois químicos respeitados fizeram a surpreendente afirmação de que tinham conseguido fundir átomos de hidrogênio pesado de maneira controlada, usando a simples aparelhagem de bancada de um laboratório. A fusão (de maneira não-controlada) é responsável pelo poder explosivo da bomba de hidrogênio e é a fonte da energia solar. Há várias décadas, físicos do mundo inteiro vêm tentando controlar o processo, ao custo de centenas de milhões de dólares e da utilização de enormes instalações experimentais. A afirmação de Stanley Pons e Martin Fleischmann de que tinham obtido sucesso onde todos os demais haviam fracassado e, além disso, com aparelhagem barata, gerou extraordinário entusiasmo. Muito depressa, porém, a comunidade científica se convenceu de que os dois químicos não tinham produzido fusão nuclear controlada e que a energia aparentemente produzida era um mero artefato da aparelhagem. A maioria dos cientistas que investigaram o fenômeno ficou convencida de que Pons e Fleischmann haviam cometido alguns erros de boa fé. No entanto, a despeito de todas as evidências em contrário, continua existindo um pequeno grupo de obstinados defensores da fusão nuclear a frio, entre os quais se incluem os professores Pons e Fleischmann.

A comunidade científica está mal preparada para lidar com eventualidades desse tipo. Poucos cientistas têm uma compreensão adequada das instituições econômicas e comerciais que transformam descobertas feitas no laboratório em produtos comercializados, com fins lucrativos, pela indústria farmacêutica respeitável, para não falar dos ganhos adicionais dos médicos. Eles pouco sabem sobre o modo como uma descoberta científica pode tornar-se uma peça de propriedade intelectual patenteável e sobre a forma como as pressões do mercado podem influenciar a aplicação dessa descoberta. Como reage o público leigo quando confrontado com discordâncias e afirmações conflitantes, vindas do seio da comunidade científica, quanto à eficácia e à utilidade social de determinado fármaco?

Podem surgir duas situações. Numa delas, pode haver genuína incerteza científica — os usos suplementares de hormônio de crescimento humano poderiam ser um exemplo —, porque os testes clínicos não se completaram ou forneceram informação ambígua, que diferentes cientistas interpretam diferentemente, segundo sua experiência e seus preconceitos. Esse seria um caso de debate científico autêntico, que ninguém teria interesse em abafar. A outra situação ocorre quando pessoas situadas na periferia do trabalho científico se arrogam grandes direitos sobre áreas do território científico em que não têm verdadeira competência — a genética da inteligência pode certamente ser um exemplo para o futuro — em decorrência do Projeto Genoma Humano. Nesse caso, o debate pode não ser genuíno, a despeito da respeitabilidade das qualificações acadêmicas que tenham os que se arrogam tais direitos. Esse tipo de debate espúrio confunde em vez de promover o interesse público. Não quero sugerir a necessidade de alguma forma de censura científica, mas a comunidade científica vai precisar criar um mecanismo que lhe permita refutar, de maneira rápida e muito clara, afirmações destituídas de fundamento científico. Isso é algo que ela não se mostrou pronta ou equipada para fazer no passado.

Já existem procedimentos formais para controlar e regular a introdução de uma nova droga no mercado. Considere-se novamente a hipótese de um fármaco que eleve o QI. O lançamento de qualquer droga no mercado envolve três aspectos. É segura? Funciona? É moral e socialmente aceitável que tal fármaco esteja disponível, seja sob receita médica, seja para venda livre no balcão? Os dois primeiros aspectos são técnicos, e é desses aspectos que tratam os órgãos reguladores governamentais — a Administração de Drogas e Alimentos, nos Estados Unidos, o Comitê para a Segurança dos Remédios do Ministério da Saúde do Reino Unido, e assim por diante. Os órgãos que regulam a segurança das novas drogas tendem a se limitar a questões técnicas, não considerando explicitamente as conseqüências sociais ou morais da comercialização de produtos específicos. Mas mesmo as questões de segurança e eficácia, embora possam ser técnicas, não são de fácil solução. Desde a tragédia da talidomida na década de 60, a testagem de novas drogas tem-se tornado mais rigorosa, mas ainda não há como obter garantia absoluta de que fármacos cujo uso se mostrou seguro em animais e em análises laboratoriais possam ser administrados com segurança a seres humanos durante longos períodos. Isso seria particularmente verdadeiro no caso de uma droga que afetasse presumivelmente o funcionamento do cérebro: ela poderia causar mudanças de personalidade, induzir comportamento maníaco ou provocar, a longo prazo, algum efeito sutil, que poderia manifestar-se apenas depois que grande número de pessoas já a tivesse consumido durante muitos anos. Em princípio, contudo, a questão da segurança admite uma resposta clara.

Julgar a eficácia da droga já seria bem mais complicado. Ratos que manifestam acréscimo de inteligência no modo de percorrer um labirinto no laboratório certamente não seriam o suficiente. Outras questões teriam de ser formuladas a respeito do uso humano: qual a dose necessária para produzir um efeito observável no desempenho em testes de QI? Teria uma criança de tomar a droga continuamente? Se o consumo fosse interrompido, ocorreria uma atrofia dos nervos, deixando os sujeitos menos inteligentes do que seriam se jamais tivessem tomado a droga? Uma questão subjacente aqui é: se o fármaco devesse ser licenciado, que doença estaria supostamente tratando?

Talvez sua primeira aplicação fosse para pessoas com retardamento mental tão profundo a ponto de serem incapazes de cuidar de si mesmas. Se elas demonstrassem uma melhora significativa após receber a droga, o licenciamento desta passaria a ser naturalmente de interesse público, pois essas pessoas poderiam então deixar as instituições (em geral mantidas pelo Estado) em que vinham sendo cuidadas, passando assim a onerar menos o tesouro público. Esse uso seria medicamente prescrito como tratamento de uma condição identificável, mas seria do interesse público que a droga fosse mais amplamente disponível? Na maioria dos países, uma vez que um fármaco tenha sido licenciado, mesmo que seja recomendado apenas para um pequeno número de distúrbios, as decisões sobre seu uso ficam a critério dos clínicos, que podem optar por alargar o espectro de condições para as quais o prescrevem.

À primeira vista, poderíamos reagir dizendo que administrar a pessoas normais uma droga para aumentar um QI já adequado constitui um abuso e não deveria ser permitido, mesmo que a droga tivesse sido aprovada em testes de segurança e eficácia. Mas será mesmo um abuso? Certamente o acesso a tal droga teria um efeito muito semelhante ao produzido, segundo o *New York Times*, pela disponibilidade do hormônio de crescimento humano. Nesse caso, a definição da doença — nanismo pituitário — está mudando sutilmente para altura abaixo da média. De maneira semelhante, pode-se esperar que, no caso de uma droga incrementadora do QI, a ênfase se desloque da deficiência mental identificável para QI abaixo da média. Numa sociedade como a nossa, que valoriza tanto a inteligência, haverá algo que se possa realisticamente fazer para impedir isso? E se fosse possível, dever-se-ia fazer alguma coisa nesse sentido?

Um argumento contra o amplo acesso a uma droga desse tipo poderia ser que, se ela for cara, a atual injustiça na distribuição da riqueza na sociedade poderia ser ainda mais reforçada pela seleção operada pelo preço. Os ricos teriam condições de dar a droga aos filhos, os pobres não. Levado ao extremo, isso produziria uma polarização entre, de um lado, ricos e inteligentes — com essa inteligência fomentada artificialmente por drogas — e, do outro, indigentes com pouca inteligência, a quem não restariam esperanças de escapar dessa situação, pois sua condição econômica não lhes permitiria adquirir a solução: a droga. Na sociedade atual, a correlação entre fortuna e QI não é, obviamente, de 100%! No entanto, tal polarização seria apenas uma questão de grau, aprofundando desigualdades já toleradas pela sociedade, algumas das quais estão relacionadas com o incremento da inteligência, ou pelo menos do desempenho intelectual, através de recursos ambientais. Os ricos podem pagar pelo que acreditam ser uma educação e um futuro melhores para os filhos do que o oferecido pelo sistema estatal de ensino. Essas discrepâncias também não precisam ser tão simples e nítidas como a possibilidade de adquirir bens específicos no mercado livre: em geral, as crianças da classe média recebem melhor nutrição e melhores cuidados de saúde do que os filhos de trabalhadores braçais, e isso se reflete no seu desempenho escolar. A sociedade já tolera essas disparidades no acesso à educação, ao atendimento médico e à saúde, a oportunidades e ao desfrute da vida em geral; sendo assim, por que o acesso a uma droga para elevar o QI seria encarado de maneira diferente?

*

Essa discussão nos fez sair da privacidade do consultório do geneticista, lançando-nos no alvoroço e na confusão de mercadores a apregoar seus artigos na feira. Mas tinha de ser assim, pois tratamentos para doença genética já são mercadorias. Há distúrbios tão comuns e amplamente aceitos que nem sempre são vistos como defeitos genéticos e para os quais a solução de mercado é considerada inatacável. Pessoalmente, herdei um desses defeitos genéticos moderadamente incapacitantes — a miopia. Nos países industrializados, desenvolveu-se uma indústria multinacional para lidar com essas deficiências. Meu oculista talvez não goste de ser caracterizado assim, mas ele vive de explorar minha deficiência genética e a de outros semelhantes a mim. Minha enfermidade genética não pode ser curada, mas pode ser corrigida, e os óculos que uso durante todo o tempo que passo acordado me permitem viver de modo tão próximo do "normal" quanto possível. Nesse caso, a indústria da moda participa fazendo o desenho da armação dos óculos, ditando o tamanho das próprias lentes ou promovendo as lentes de contato. Há coisas que continuo não podendo fazer usando óculos — jogar rúgbi, por exemplo —, mas não vejo isso como grande perda. Talvez esse pareça um distúrbio trivial, que mal pode ser visto como "defeito" genético se comparado a doenças que ameaçam a vida como a FC ou a anemia falciforme, mas serve para mostrar que o tratamento de defeitos genéticos não é uma questão exclusivamente médica. As lentes e a armação de meus óculos foram fabricadas por uma indústria transnacional de produção em massa.

Uma parcela demasiado grande da discussão sobre as doenças genéticas se desenvolve num vácuo, como se seus únicos participantes fossem o médico e seu paciente. Esse é um modelo pobre da realidade. De fato, há outros espectros presentes no consultório. Um deles, como o fantasma de Banquo, é a conta que está por vir: alguém tem de pagar pelo tratamento que o médico prescreve. Em países com assistência médica privada, essa terceira parte será a companhia privada de seguros, que fará restrições quanto aos que admite como segurados e sobre as doenças cujo tratamento pagará. No caso de países onde a assistência médica é fornecida pelo Estado, este será a terceira parte. A quarta presença no consultório será o fornecedor do tratamento: no caso da maioria das doenças genéticas, a indústria farmacêutica transnacional. Há algo de comum a quase todos os fornecedores de tratamentos: o desejo de lucrar. E é aí que começa o problema no caso de muitas das doenças genéticas já discutidas neste livro: o sistema de mercado não é perfeito e suas deficiências tendem a trabalhar contra os interesses dos doentes.

O primeiro problema é mais científico que comercial. São poucos os distúrbios, como a deficiência de hormônio de crescimento humano, que podem ser tratados pela administração direta de uma proteína de reposição. Essa é a maior dificuldade na formulação de um tratamento para a anemia falciforme: ainda não foi possível desenvolver uma proteína sintética para seu tratamento. Max Perutz — cientista de origem austríaca cujo penoso trabalho, desenvolvido ao longo de décadas no Laboratório de Biologia Molecular de Cambridge, Inglaterra, revelou a forma tridimensional da molécula da hemoglobina e seu funcionamento — vem tentando há anos criar um substituto para o transportador natural de oxigênio no sangue, mas os que experimentou tendem a ser destruídos no corpo antes que possam ser úteis. Em março de 1992, seu grupo relatou algum sucesso na criação de sangue artificial, mas resta ver se ele será plenamente apropriado à prática clínica ou se alguma desvantagem imprevista poderá limitar seu uso.

Compare-se a anemia falciforme com a hemofilia A, outra doença hereditária que afeta o sangue. Essa doença atinge cerca de um em 10 mil meninos. Nela, falta ao sangue a proteína que auxilia a coagulação normal. Sem esse fator de coagulação — fator VIII —, os meninos podem morrer em conseqüência de uma hemorragia provocada por um simples corte ou sofrer danos resultantes de extensos sangramentos internos em decorrência de contusões e choques no dia-a-dia. É relativamente fácil extrair o fator VIII do sangue normal e ele pode ser eficazmente administrado por injeção. Mas essa não é uma solução ideal: os hemofílicos requerem freqüentes infusões do fator VIII ao longo de suas vidas, e nos últimos anos registraram-se casos trágicos de hemofílicos que contraíram Aids porque o sangue de que o fator VIII fora extraído estava contaminado.

Parece haver pouca perspectiva de desenvolvimento de um fármaco simples para o tratamento da anemia falciforme ou das talassemias. O melhor tratamento atual continua sendo o transplante de medula óssea, quando se consegue encontrar um doador compatível. Há vários outros distúrbios que admitiriam essa abordagem, mas apenas cerca de 1/3 dos pacientes tem um doador adequado, e os resultados são incertos. O primeiro transplante de medula óssea foi realizado em 1968 num menino com imunodeficiência combinada grave. A doença presta-se particularmente a tratamento por transplante porque o paciente não tem nenhum sistema imune funcional para rejeitar as células da medula óssea do doador. Mas os transplantes de medula óssea de doadores compatíveis ainda encerram problemas. Mesmo que não haja nenhum problema de rejeição das novas células pelo sistema imune do hospedeiro, existe a possibilidade de as células do sistema imune presentes na medula óssea doada reconhecerem seu novo corpo como "estranho" e o atacarem. O ataque do tecido transplantado ao hospedeiro representa grave limitação ao processo. Quando o transplante é feito precocemente na vida, contudo, isso raramente ocorre, de modo que a maneira mais promissora de corrigir doenças genéticas que se prestam a esse tipo de tratamento é fazer os transplantes o mais cedo possível após o nascimento.

As vítimas da maioria das doenças, porém, não dispõem de opções desse tipo. O que lhes resta é um tratamento paliativo, que visa não uma cura completa, mas o alívio dos sintomas, permitindo-lhes uma vida tão próxima da normal quanto possível. Em 1985 um estudo realizado pelas Universidades Johns Hopkins e McGill descobriu que esse tipo de tratamento sintomático era bem-sucedido em apenas cerca de 12% das doenças genéticas, moderadamente eficaz em cerca de 40%, mas completamente inútil em cerca de 48%. Uma razão é a absoluta intratabilidade da maioria das doenças genéticas, em termos científicos e clínicos. Mas outro fator é que elas em geral são raras, por vezes muito raras, e por isso não representam um mercado atraente para o investimento de empresas da iniciativa privada. Considere-se a anemia falciforme: embora figure como o segundo distúrbio genético mais comum no mundo, depois das talassemias, em termos de prática médica e para as companhias farmacêuticas dos países industrializados, ela é uma doença relativamente rara. Uma incidência de 1.500 novos casos por ano nos Estados Unidos não é suficiente para torná-la interessante. Em geral, as companhias farmacêuticas não têm interesse em desenvolver novas drogas, a menos que o mercado seja grande o bastante para que o produto seja rentável.

Depois do desastre da talidomida no final da década de 60 e início da de 70, a maioria dos países desenvolvidos tem instituído controles muito estritos sobre o lançamento de novas drogas: antes de poderem ser liberadas para receita, elas têm de ser exaustivamente (e portanto muito dispendiosamente) testadas para se comprovar que não apresentam efeitos colaterais tóxicos. Assim, as companhias farmacêuticas, além de investir na pesquisa e no desenvolvimento que levariam a uma possível droga, têm também de pagar pela testagem a que ela deve ser submetida antes de se poder comercializá-la. As duas coisas representam um pesado ônus financeiro e a companhia tem de ter em vista um bom lucro, que compense seus investimentos. Nas palavras do Dr. George Brewer, da Escola de Medicina da Universidade de Michigan: "A maioria das doenças genéticas é suficientemente incomum para não se incluir nessa categoria." Em 1979 Brewer analisou o hesitante processo de desenvolvimento de tratamentos para a anemia falciforme na revista *Perspectives in Biology and Medicine*. Ele assinala que há pouco interesse em desenvolver agentes terapêuticos para a anemia falciforme porque, embora ela afete pelo menos 30 mil pessoas nos Estados Unidos, não chega a ser suficientemente comum para despertar o interesse comercial das companhias farmacêuticas do país. Com isso, a tarefa de desenvolver uma droga é deixada para os pesquisadores médicos, continua Brewer, mas estes, em sua maioria, não têm experiência nem habilidade para desenvolver drogas.

Situação similar atinge os que sofrem de talassemia. Para os que apresentam formas graves da doença e não dispõem de um doador compatível de medula óssea, o tratamento-padrão consiste em transfusões sangüíneas regulares, a intervalos de três a seis semanas. Esse tratamento pode manter crianças gravemente afetadas em condições de saúde relativamente boas durante dez ou 15 anos, ao passo que sem tratamento elas morreriam em menos de três anos. As transfusões levam, porém, a um aumento do teor de ferro no sangue e esse excesso causa danos ao coração, ao fígado e a outros órgãos. Muitas crianças com as formas mais graves de talassemia morrem em decorrência da sobrecarga de ferro antes de atingirem os 20 anos, embora desde meados da década de 70 já esteja disponível uma droga para remover o excesso de ferro, a desferrioxamina. Esta última, porém, tem de ser administrada diariamente por meio de uma infusão subcutânea feita com a ajuda de uma bomba durante oito a dez horas. O tratamento é caro, custando cerca de 4 mil libras anuais por pessoa, e muitos pacientes preferem arriscar suas vidas e se rebelam contra o aprisionamento diário à bomba. A talassemia é predominantemente uma doença dos países em desenvolvimento, onde poucos poderiam permitir-se um tratamento tão caro, havendo por isso grande necessidade de uma droga para a remoção do ferro que possa ser administrada oralmente e seja, portanto, mais barata. Somente em 1991, porém, é que o *British Medical Journal* publicou uma notícia sobre um fármaco assim, desenvolvido num hospital de Londres e clinicamente testado durante cerca de cinco anos. Mesmo assim, seu futuro é incerto: a droga não será amplamente distribuída antes de 1997 e não está claro se alguma companhia farmacêutica se empenhará a fundo em sua produção.

Nos Estados Unidos, o governo passou a incentivar as companhias farmacêuticas a investir no desenvolvimento de drogas para doenças menos comuns. A chamada "Lei da Droga Órfã" concede uma proteção maior que a usual a quem desenvolver drogas desse tipo, dando à companhia maior possibilidade de compensar seus investimentos. Essa legislação mostrou-se controvertida, mas talvez só assim se possa assegurar a disponibilidade de tratamentos para muitas doenças genéticas.

A comercialização dos produtos do Projeto Genoma Humano será pelo menos tão importante e suscitará pelo menos tantos problemas morais e de política pública quanto qualquer outro aspecto do projeto. Ainda que os geneticistas possam estar procurando todos os 100 mil genes humanos com o mesmo entusiasmo, alguns genes serão mais importantes comercialmente do que outros. A menos que se adote alguma medida prévia, poderemos cair na situação paradoxal de termos agudos problemas sociais em razão de um abundante suprimento de uma proteína "cosmética" resultante de um gene (o suposto incrementador de QI, por exemplo), enquanto, por outro lado, o sofrimento humano persistiria por não haver ninguém interessado na produção de drogas para o tratamento de certas doenças genéticas.

A discussão precedente examinou as conseqüências do isolamento de genes humanos e sua introdução em bactérias ou outros organismos, transformando-os em fábricas de proteínas. O próximo passo lógico é examinar o que acontece quando essas técnicas de engenharia genética são aplicadas a seres humanos. Também nesse caso, o futuro parece já ter chegado. No início do Capítulo 2, narrei o primeiro caso bem-sucedido de terapia genética humana em que, em 1990, Michael Blaese e colegas, dos Institutos Nacionais de Saúde, transplantaram um gene correto para uma menina cujo sistema imune carecia de uma proteína vital — a deaminase adenosina. Diante dos parcos resultados obtidos pela terapia convencional dos distúrbios genéticos, talvez não surpreenda que muitas pessoas vejam o transplante de genes como a esperança para o futuro.

Potencialmente, há dois tipos de terapia genética. Num deles, "novos" genes são inseridos apenas nas células somáticas de um indivíduo — que são todas as células do corpo, como as do sangue ou dos músculos, com exceção apenas das células germinais, isto é, os óvulos ou espermatozóides e as células que os originam. Nesses casos de terapia genética "somática", o efeito do transplante morre com o indivíduo, não podendo ser transmitido a seus filhos. O outro tipo de terapia ocorre quando novos genes são inseridos num ovo fertilizado, de tal modo que o indivíduo que se desenvolverá subseqüentemente possuirá os genes transplantados em todas as suas células — incluindo óvulos ou espermatozóides. Uma pessoa submetida a esse tipo de terapia genética da "linhagem germinal" pode, portanto, transmitir os novos genes aos seus filhos.

Usada simplesmente para curar doenças, a terapia genética somática suscita poucos problemas morais ou de política pública: todos os que aceitam o transplante de órgãos veriam pouca diferença moral entre isso e o transplante de genes. Essa estratégia relativamente pouco problemática será, portanto, discutida em primeiro lugar. Os problemas surgem quando a terapia genética é aplicada, não ao tratamento de uma doença identificável, mas para realçar características existentes; não para retificar erros da natureza, mas para aperfeiçoar sua obra. Já a terapia genética de tipo "germinal" suscita toda sorte de problemas éticos, mesmo que se destine a tratar doenças, e será discutida depois.

Embora a terapia genética somática possa ser relativamente pouco problemática do ponto de vista moral, está repleta de dificuldades técnicas, e os problemas morais que suscita estão intimamente ligados a esses aspectos técnicos. A primeira questão é que, a curto prazo, a promessa da terapia genética foi provavelmente superestimada. O caso da deficiência de ADA servirá de exemplo. O transplante realizado em Bethesda não representa uma cura permanente, criando uma situação semelhante à que se verifica na hemofilia. Serão necessários repetidos transplantes de genes, assim como os hemofílicos precisam de injeções recorrentes do fator VIII. O problema é que os glóbulos brancos para os quais se transplanta o gene correto de ADA não duram para sempre no corpo. Depois de desempenhar sua função normal, são destruídos e eliminados da circulação. Novos glóbulos brancos são produzidos continuamente pelas "células-troncos" na medula óssea. Para que um transplante genético seja realmente efetivo, os genes teriam de ser introduzidos nas células-troncos, e nesse caso não haveria nenhuma necessidade de transplantes subseqüentes. Mas as células-troncos são raras na medula óssea e de difícil identificação. Mesmo assim, em abril de 1992 médicos italianos realizaram num menino um transplante genético de ADA em que, dizem eles, encontraram uma forma de intensificar seletivamente a transferência do gene para células-troncos. Se tiverem de fato conseguido isso, estará aberto o caminho para um tratamento permanente dessa doença.

Outro problema reside na inserção do gene num sítio adequado do ADN nas células. Atualmente é impossível direcionar a inserção do gene para qualquer local particular do ADN. Se não for introduzido no local correto, o gene não poderá ser corretamente regulado — poderá produzir quantidade excessiva ou insuficiente de sua proteína. Uma razão da escolha da deficiência de ADA para alvo do primeiro transplante genético é que a quantidade exata de ADA parece de fato não importar muito — contanto que alguma ADA seja produzida, o sistema imune se desenvolve adequadamente e a regulação precisa do gene não é tão importante nesse caso. Outro perigo é que o gene inserido possa interferir com a atuação de outros genes, e sobretudo que possa desencadear a ação de genes cancerígenos latentes. No caso da deficiência de ADA, essas considerações tinham claramente muito pouco peso diante da perspectiva de morte iminente. O fato de que as células produzidas por engenharia genética seriam eliminadas do sistema da menina dentro de alguns meses era um ponto positivo no caso: mesmo que o mecanismo genético de uma célula fosse perturbado, ela provavelmente não duraria o bastante para causar problemas. Por outro lado, se for encontrado um método para identificar células-troncos e realizar transplantes para essas células, os perigos de despertar oncogenes se tornariam muito mais reais.

Aparentemente, a anemia falciforme e a talassemia são os maiores candidatos à terapia genética, mas o problema do controle da expressão genética representa atualmente o principal obstáculo. A hemoglobina é produzida em decorrência da ação de dois genes: um que codifica as cadeias alfa no interior da molécula e outro que codifica as cadeias beta. As cadeias alfa têm de ser produzidas exatamente na mesma taxa que as cadeias beta. Para que a terapia genética seja eficaz no caso da talassemia beta, por exemplo, os pesquisadores terão de inserir um novo gene da globina beta e assegurar que ele seja expresso exatamente na mesma taxa que o gene da globina alfa. Se as taxas de produção não se equilibrarem, a terapia genética poderá ter por efeito converter uma talassemia beta numa talassemia alfa. No tratamento de todos os defeitos que envolvem a hemoglobina, os genes têm de ser inseridos em células-troncos da medula óssea, pois os glóbulos vermelhos maduros por si mesmos não fabricam nenhuma hemoglobina e só duram cerca de 120 dias na circulação. Os genes tem de ser expressos apenas nas células que vão produzir glóbulos vermelhos — certamente haveria problemas se, em decorrência de terapia genética, os glóbulos brancos do paciente começassem a produzir pedaços de uma molécula de hemoglobina. Dificuldades técnicas dessa natureza contribuíram para o fracasso de uma tentativa prematura de tratar a talassemia por terapia genética feita em junho de 1980. O professor Martin Cline, da Universidade da Califórnia em Los Angeles, operou dois pacientes, ambos ameaçados de morte pela talassemia beta: uma mulher de 21 anos, no Hospital Hadassah, em Jerusalém, e um paciente de 16 anos da Policlínica de Nápoles. O procedimento não causou nenhum dano aos pacientes, mas tampouco lhes fez algum bem. Simplesmente não havia ciência básica: uma década depois, os mecanismos que controlam a expressão dos genes da globina ainda não foram plenamente compreendidos, embora tenha havido progresso.

Outras doenças genéticas apresentam problemas similares, embora diante de algumas delas o pretenso cirurgião genético tenha o problema adicional de precisar descobrir como inserir os genes nas células-alvos. Com a medula óssea é relativamente fácil trabalhar: se for possível identificar as células-troncos, não será difícil em princípio extrair uma amostra de medula óssea, alterar as células-troncos por engenharia genética e reinseri-las no corpo por transfusão, exatamente como se faz num transplante normal de medula óssea. Não é possível, porém, tratar alguém com FC extraindo as células que forram seus pulmões, alterá-las por engenharia genética em laboratório e depois recolocá-las no lugar. Alguns pesquisadores estão trabalhando com a idéia de usar vírus — similares aos que causam o resfriado comum — que infectam naturalmente os pulmões e o trato respiratório e alterá-los por engenharia genética de modo a que transportem um gene intacto da FC para as células que forram os pulmões. Mais uma vez, essa não seria uma cura permanente, pois também essas células são de alta rotatividade. Ademais, o muco que entope os pulmões poderia obstruir a passagem do vírus para as células afetadas; além disso, o que seria mais grave, esse tratamento nada faria para sanar os problemas digestivos que também afligem os que sofrem de FC. Uma abordagem muito diferente está sendo considerada para meninos com distrofia muscular Duchenne (DMD): a injeção direta de ADN nos músculos. Por motivos ainda não esclarecidos, as células musculares absorvem particularmente bem o ADN, e há alguns indícios de que podem assimilar o gene da distrofina e começar a produzir a proteína.

Esses problemas técnicos conduzem a várias conclusões. A primeira é que, até que a dificuldade de identificar e isolar células-troncos seja resolvida, os transplantes genéticos que envolvem células da medula óssea terão de ser repetidos a intervalos regulares e freqüentes ao longo da vida do paciente. A segunda conseqüência é que, a cada transplante, as novas células terão de ser cuidadosamente selecionadas e monitoradas antes de serem reenxertadas no paciente, para se verificar se funcionam adequadamente e não tendem a perturbar outros mecanismos sutis. Não há nenhuma perspectiva, portanto, de padronizar esse método de tratamento da doença genética. Ele deve ser reformulado caso a caso. Com isso, o custo da terapia genética permanecerá elevado, embora sem dúvida vá baixar à medida que os procedimentos se tornarem mais rotineiros.

Assim, um ponto de interrogação econômico paira sobre toda a prática da terapia genética: estarão os que pagam as contas dispostos a custear um tratamento médico tão heróico? Num país como a Grã-Bretanha, poderão os já superesticados recursos do Serviço Nacional de Saúde fazer face às demandas por terapia genética no futuro? Ou estarão esses tratamentos fadados a ser vistos como mais um item glamouroso da medicina de alta tecnologia, a desviar fundos preciosos do atendimento de males mais banais e mais comuns que o Serviço de Saúde também deve assegurar? Nos Estados Unidos, pode ser que as companhias de seguros decidam não pagar tais tratamentos; é possível que optem por comunicar aos clientes que se dispõem a pagar por testes pré-natais de fetos sob risco de ter talassemia ou anemia falciforme — mas somente sob a condição de que, em caso positivo, eles sejam abortados.

Na maioria dos países em desenvolvimento, sistemas já precários de assistência médica simplesmente não poderiam ampliar-se de modo a fornecer terapia genética para todas as crianças nascidas com essas doenças. Decerto esses países terão pessoal suficientemente habilitado para fazer diagnóstico pré-natal, mas continuarão carecendo de pessoal capaz de empreender a terapia. A dicotomia, que não é exclusiva da medicina genética, mais uma vez iria impor-se: os filhos dos ricos teriam acesso a tais tratamentos, enquanto os pobres teriam de optar entre o diagnóstico pré-natal e a interrupção seletiva de uma gravidez afetada, ou então coisa alguma.

Muitos governos têm-se mostrado indiferentes às mortes de milhares de seus cidadãos adultos, perseguindo e matando seus opositores políticos. É improvável que tais governos venham a ter muito escrúpulo em impor a seus cidadãos programas de aborto seletivo, de modo a poupar dinheiro ao orçamento nacional de saúde. Talvez as únicas formas eficazes de resistência a essas pressões venham, em alguns países, de tabus religiosos ou sociais contra o aborto.

A predileção pela interferência nas escolhas pessoais dos cidadãos quanto a ter ou não ter filhos não se restringe necessariamente ao despotismo. A experiência de planejamento familiar da Índia na década de 70 mostrou a enorme intervenção que o governo pode ter nas áreas mais pessoais e privadas da vida de seus cidadãos. Na maior democracia do mundo, a esterilização foi imposta pelas autoridades a muitas pessoas e os direitos individuais foram revogados em face do que se acreditava ser o interesse coletivo. Pode-se extrair algum consolo do fato de essa coerção ter acabado por malograr, mas não antes de infligir a muita gente um sofrimento duradouro.

Muitas das questões éticas suscitadas pela terapia genética têm sido publicamente examinadas. Nos Estados Unidos, em junho de 1980 (o mesmo mês em que o professor Cline fez sua tentativa malsucedida de terapia genética humana somática), os três principais grupos religiosos do país — a Conferência Católica dos Estados Unidos, o Conselho das Sinagogas da América e o Conselho Nacional de Igrejas — escreveram ao então presidente Jimmy Carter para expressar sua inquietação com os rápidos avanços da engenharia genética. Em resposta, a Comissão Presidencial para o Estudo dos Problemas Éticos na Medicina e na Pesquisa Biomédica e Governamental empreendeu um estudo da questão que resultou na publicação, em 1982, de um abrangente relatório: *Splicing Life: the Social and Ethical Issues of Genetic Engineering with Human Beings* [Emendando a vida: questões sociais e éticas da engenharia genética com seres humanos]. A comissão concluiu que, embora a emenda de genes fosse uma técnica científica revolucionária, "disso não se segue necessariamente que todas as suas aplicações ou objetivos representem um desvio radical em relação ao passado". Em particular, encontrava poucas objeções a fazer à terapia genética da célula somática, que "se assemelha às terapias médicas convencionais por envolverem todas elas mudanças restritas às células da pessoa em tratamento. Uma analogia é o transplante de órgãos, que também envolve a incorporação a um indivíduo de células que contêm ADN de 'origem alheia'". Vale a pena ressaltar um aspecto da terapia genética que em 1982, aos olhos da comissão presidencial, a distinguia de outros tratamentos, mas que, considerado neste início da década de 90, já não parece tão evidente. Segundo a comissão, "a terapia genética envolve uma mudança inerente e provavelmente permanente no corpo, em vez de exigir aplicações repetidas de uma força ou substância exterior". Esse aspecto da terapia genética ainda não se converteu em realidade.

O relatório feito em 1982 pela comissão presidencial foi seguido por um artigo de apoio da Agência de Avaliação Tecnológica, do Congresso dos Estados Unidos, que concluiu: "Grupos cívicos, religiosos, científicos e médicos aceitaram todos, em princípio, a pertinência da terapia genética de células somáticas em seres humanos para doenças genéticas específicas. A terapia genética de células somáticas é vista como uma extensão dos métodos atuais de terapia que pode ser preferível a outras tecnologias." Em setembro de 1986, depois desses estudos da questão, os NIH formularam uma lista de "aspectos a considerar" para todos que desejassem recorrer ao órgão em busca de apoio financeiro para o desenvolvimento de terapias genéticas somáticas. Mais uma vez, houve pouca objeção moral à terapia da célula somática para fins de alívio de doenças. Investigações governamentais independentes realizadas sobre a questão na Suécia, na República Federal da Alemanha (ainda dividida na época) e na França chegaram a conclusões muito semelhantes, como também o fez mais tarde o *Report of the Committee on the Ethics of Gene Therapy* [Relatório do Comitê de Ética da Terapia Genética], publicado na Grã-Bretanha em 1992.

O primeiro ponto de concordância entre as investigações britânica, americana e outras é que a terapia genética ainda é um procedimento muito experimental. As normas profissionais e éticas a serem aplicadas a ela são, portanto, as que norteiam a pesquisa realizada com sujeitos humanos, não as que se aplicam à prática médica rotineira. Os limites profissionais a que a pesquisa médica com sujeitos humanos deve obedecer constituem um ramo da ética médica estabelecido há muito tempo e não serão considerados em detalhe aqui. No entanto, o estudo britânico identificou pelo menos um aspecto em que a natureza especificamente genética dos procedimentos acarreta uma diferença. Qualquer médico que realize uma operação num sujeito humano é obrigado a acompanhar e monitorar o que ocorre subseqüentemente, para detectar e, se possível, mitigar quaisquer conseqüências adversas da operação. Num caso de terapia genética, recomendou o comitê britânico, a obrigação do acompanhamento não cessará com a morte do paciente — para assegurar que a terapia genética somática não tenha afetado inadvertidamente a prole do paciente, o acompanhamento deve prosseguir pelo menos até a geração seguinte. Essa condição é muito mais rigorosa do que a que parece ser exigida nos Estados Unidos sob os "aspectos a considerar" dos NIH, segundo a qual o "acompanhamento de longo prazo" abrangeria apenas três a cinco anos.

O comitê britânico observou que os usos potenciais da terapia genética podem abranger um campo mais vasto que o da correção de distúrbios monogênicos. "Ela está sendo investigada, por exemplo, como nova abordagem possível para o tratamento de um amplo espectro de doenças que vão desde infecções como a Aids até o câncer, e está sendo estudada como meio de fortalecer a resposta imune do organismo a infecções virais." Embora essas "aplicações mais amplas possam em breve requerer atenção", o comitê concluiu que "no atual estado do conhecimento não seria aceitável usar modificação genética para tentar alterar traços humanos não-associados com doenças". Nos Estados Unidos, as diretrizes dos NIH admitem que, "embora a pesquisa em biologia molecular possa levar ao desenvolvimento de técnicas para o uso de meios genéticos a fim de reforçar aptidões humanas e não para corrigir defeitos em pacientes, [os NIH] não acreditam que esses efeitos serão decorrências imediatas ou inevitáveis de experimentos com terapia genética da célula somática".

Todos os estudos governamentais sobre a ética da terapia genética têm rejeitado, pelo menos por enquanto, a idéia da terapia da linhagem germinal. Na França e na Alemanha, concluiu-se que quaisquer propostas desse tipo de terapia deveriam ser submetidas a rigoroso exame ético. Nos Estados Unidos, os "aspectos a considerar" dos NIH enfatizaram que o órgão "não acolherá presentemente propostas de terapia de linhagem germinal, mas considerará a aprovação de protocolos que envolvam a terapia genética da célula somática". O comitê britânico excluiu a terapia das células germinais sob o argumento de que "há atualmente conhecimento insuficiente para a avaliação dos riscos para gerações futuras".

A proibição da terapia da linhagem germinal só se aplica quando os sujeitos são humanos. A técnica já se tornou banal em laboratório, e em muitos países carneiros e bois que passaram por ela podem ser vistos pastando tranqüilamente em fazendas ligadas a institutos de pesquisa. Uma forma simples de introduzir "genes alheios" em camundongos de laboratório é injetá-los diretamente no ovo. Uma agulha finíssima contendo uma solução do ADN a ser acrescentado é introduzida no ovo recém-fertilizado. Depois dessa microinjeção, o embrião pode ser transferido para o útero de uma mãe substituta. Mas, como esse processo pode danificar o ovo, só uma pequena proporção dos embriões assim injetados sobrevive. Além disso, a injeção nem sempre "pega": o gene injetado integra-se corretamente ao ADN do camundongo apenas numa fração dos embriões. Uma limitação adicional é que em alguns casos a integração só ocorre depois que o genoma do camundongo foi replicado várias vezes, de modo que o ADN acrescentado só estará presente em algumas células do camundongo adulto. É preciso deixar claro também que muitas das dificuldades anteriormente mencionadas com relação à terapia genética somática — particularmente com respeito ao controle do sítio de integração — estão igualmente presentes na terapia da linhagem germinal.

O espantoso não é que haja tantas dificuldades e incertezas em torno da microinjeção de ADN alheio em ovos fertilizados de camundongo, mas que o procedimento muitas vezes funcione. Mesmo assim, é claro que, se um alto índice de fracassos pode ser aceito quando se está lidando com animais de laboratório, ninguém estaria disposto a tolerar qualquer falha no caso da aplicação da terapia da linhagem germinal a um ovo humano. Essas considerações técnicas por si mesmas excluem esse procedimento por muitos anos.

Há, porém, outra questão técnica, relevante não apenas para o indivíduo que se desenvolve a partir de um ovo manipulado desse modo, mas para a progênie desse indivíduo. Atualmente, nenhum terapeuta genético é capaz de extirpar um gene defeituoso e substituí-lo por uma versão intacta; tudo que se consegue é adicionar uma cópia extra do gene "correto" ao ADN de alguém. Assim, se a terapia fosse realizada num ovo fertilizado humano, o indivíduo que se desenvolvesse a partir desse ovo continuaria possuindo em seu ADN tanto o gene extra corrigido como o defeituoso. Correria, portanto, o risco de transmitir a seus filhos o gene defeituoso, quando o objetivo da terapia da linhagem germinal é influenciar a linhagem de células germinais e sustar a transmissão de um gene defeituoso. É difícil entender que vantagens a terapia genética da linhagem germinal apresenta sobre a da célula somática.

Isso não impede que a questão da terapia da linhagem germinal esteja sendo acaloradamente debatida e, de modo talvez surpreendente, entre os que parecem mais confiantes em seu futuro destacam-se eminentes filósofos da moral. Escrevendo no número da primavera de 1992 de *Science and Public Affairs*, a filósofa britânica baronesa Mary Warnock admite a aceitabilidade da terapia germinal não para curar doenças, mas como meio de reforçar características normais. Escreve ela:

> Caso se tornasse possível, como de fato pode ocorrer, erradicar para sempre a imunodeficiência, em particular a Aids, através de terapia da linhagem germinal, o ganho presente ou imediato poderia parecer suficientemente grande para superar a objeção baseada na ignorância (ainda que agudamente sentida). Não gostaria de excluir para sempre a legitimidade da manipulação genética da linhagem germinal no estágio embrionário.

De passagem, vale observar que não está claro por que a defesa contra a Aids deve constituir uma razão tão forte para o recurso à terapia da linhagem germinal. Pode-se alegar que, em termos do sofrimento global que ela gera, falta muito para que a Aids se aproxime da anemia falciforme e da talassemia. Se a tecnologia superasse os obstáculos apresentados anteriormente neste capítulo e tornasse possível a terapia genética para a cura dessas doenças, pode-se pensar que elas seriam moralmente tão merecedoras de atenção quanto uma doença infecciosa que por acaso tem gerado manchetes sensacionalistas nos jornais dos países industrializados.

É inevitável que as discussões sobre a terapia da linhagem germinal invadam o território do extremamente hipotético, mas talvez valha a pena considerar um pouco mais a intervenção na linhagem germinal para a eliminação da anemia falciforme e da talassemia. Ela poderia envolver dois componentes; um deles seria o restabelecimento, por engenharia genética, da saúde de um embrião que tivesse herdado duas cópias do gene da globina deficiente e que, não fosse a intervenção, nasceria com a doença. Se técnicas para extirpar e repor genes defeituosos tivessem sido plenamente aperfeiçoadas, a pessoa que se desenvolvesse a partir desse embrião jamais sofreria a doença e estaria livre do risco de transmitir uma cópia do gene defeituoso a seus filhos. É difícil encontrar alguma objeção moral a esse procedimento, que é claramente dirigido à cura de uma doença e não ao reforço de traços normais.

Mas não há dúvida de que surgem problemas morais quando se passa a considerar o segundo nível de intervenção na linhagem germinal, que seria o do "tratamento" de um embrião portador de uma única cópia do gene. Nesse caso, o objetivo da terapia seria eliminar o risco de jamais haver pessoas capazes de transmitir o gene a gerações subseqüentes. Vale a pena lembrar que os portadores de uma única cópia do gene da anemia falciforme são perfeitamente aptos e saudáveis, têm maior resistência à malária e só correm o risco de ter filhos com a doença se vierem a se casar com outro portador de uma única cópia do gene, sendo que mesmo nesse caso o risco de ter um filho doente é de um em quatro. A terapia da célula germinal para eliminar o gene estaria, portanto, interferindo com o que pode ser considerado um traço razoavelmente normal. Se essa prática se disseminasse, representaria uma alteração significativa do repertório genético da espécie humana como um todo.

Dois problemas afloram quando consideramos esse tipo de intervenção radical na estrutura genética humana. O primeiro remete-nos à confusão criada nos Estados Unidos em torno da testagem da população para a anemia falciforme. Portadores de uma única cópia do gene foram erroneamente rotulados de doentes e sofreram discriminação junto às companhias seguradoras e ao mercado de trabalho.

Se um programa começasse a "tratar" a doença por cirurgia genética, é difícil ver como, mesmo com os melhores preparativos e campanhas de informação pública, se poderia evitar a estigmatização de todos os que, quando embriões, não tivessem sofrido essa operação. Mesmo que um programa desse tipo fosse inicialmente voluntário, a pressão de interesses comerciais estabelecidos (as companhias de seguros, talvez, ou o Estado) poderia facilmente transformá-lo, tornando inevitável o recurso ao tratamento por uma pressão aberta ou camuflada. A falha desse argumento é que, obviamente, ninguém pode consentir em ser operado quando ainda não passa de um ovo fertilizado. A decisão teria de ser tomada e o consentimento dado, em nome da futura pessoa, pelo casal que tivesse concebido o embrião.

Um segundo argumento contra esse programa liga-se à alegação de ignorância, citada pela baronesa Warnock. Propostas para a eliminação de um gene específico do repertório global de genes ressuscitam a velha noção, amplamente contestada, de que existem genes "bons" e genes "maus". A verdade é que sabemos pouco sobre a história natural dos genes humanos. No caso da talassemia e da anemia falciforme, é claro que essas variantes surgiram como resposta evolutiva direta à ameaça da malária. É claro também que elas não representam uma defesa muito eficiente contra a doença e que a alteração do meio ambiente, pela erradicação dos mosquitos que a transmitem, é uma opção melhor. Infelizmente, não é o que parece estar acontecendo hoje em dia: há uma ressurgência da malária no mundo todo. Na África, programas para a erradicação do mosquito fracassam em decorrência da guerra civil e do colapso do governo regular em muitos países, enquanto o próprio parasito malárico está se tornando resistente a algumas drogas antimaláricas. Mesmo que a malária fosse controlada, porém, continuaríamos na situação de não saber o suficiente sobre a gênese das variantes da anemia falciforme e da talassemia a ponto de poder considerar com segurança sua eliminação do repertório genético da humanidade. Esse argumento aplica-se *a fortiori* porque, quando as técnicas para a realização da terapia da linhagem germinal estiverem bastante desenvolvidas, será certamente possível também tratar os que hoje sofrem dessas doenças por terapia genética somática.

Outro filósofo britânico da moral indicou que a terapia genética da linhagem germinal para incrementar traços humanos é algo extremamente desejável. Em *Wonderwoman and Superman*, John Harris, professor de filosofia aplicada na Universidade de Manchester, imagina uma nova estirpe de seres humanos criados em laboratório, com genes reforçados que os tornariam imunes a doenças como a Aids, a malária e a hepatite B. Além disso, ele confere a suas criaturas imaginárias genes que lhes dariam maior resistência ao câncer do que a média e lhes permitiriam viver mais tempo sem senescência. Escreve Harris: "De minha parte, vejo com bons olhos a possibilidade de uma nova estirpe de pessoas com perspectivas de vida que não estão hoje ao nosso alcance." Mas, embora fundamente suas conclusões com ampla argumentação moral, o professor Harris não aborda as questões mais importantes: quem fornecerá esses serviços de "reforço" e quem controlará e regulará os fornecedores? Esses são aspectos centrais em toda discussão das aplicações da nova genética, e mais ainda das perspectivas da terapia da linhagem germinal.

Dinheiro, medicina e poder estão envolvidos. O primeiro aspecto, e talvez o menos importante, é que a terapia da linhagem germinal será inevitavelmente cara, o que suscita as questões de quem pagará as operações a serem feitas e a de ser esse ou não um emprego sensato de recursos escassos. Essas questões surgiram em vários pontos das discusões anteriores sobre as aplicações do novo conhecimento que o Projeto Genoma Humano produzirá, e as respostas tendem a ser as mesmas: os ricos terão condições de comprar um tratamento preferencial no livre mercado, ao passo que um tratamento comparável para os pobres, caso chegue a ser oferecido, será racionado; somente cálculos cuidadosos dos custos e benefícios poderiam definir se o gasto de recursos públicos escassos com esses processos seria sensato; e as condições econômicas vigentes num país podem fazer a balança pender numa direção que não seja ótima para a nação como um todo.

O segundo aspecto é que a terapia da célula germinal exigiria um corpo de cirurgiões genéticos altamente habilitados e que esses profissionais seriam, inevitavelmente, pouco numerosos. Mesmo assim, eles deteriam o controle técnico sobre a futura composição genética da espécie humana. Até hoje, o futuro genético da humanidade ficou entregue à atividade gloriosamente confusa e aleatória da escolha de parceiros por homens e mulheres (o que nem sempre é o mesmo que escolha de cônjuges). Estarão as pessoas dispostas a abrir mão do controle desse aspecto de suas vidas em favor de uma pequena elite tecnocrática? A baronesa Warnock está atenta ao problema. Escreve ela: "A verdadeira razão para a suposição geral por toda a Europa de que a intervenção na linhagem germinal será proibida é o temor do poder dos médicos. Não gostamos da idéia de que um desconhecido, e de todo modo alguém que não nós mesmos, poderá exercer poder não apenas sobre nós, mas também sobre nossos filhos, escolhendo, ainda que um tanto aleatoriamente, como deveríamos ser." Ela prossegue fazendo uma observação final sobre a questão: "Todos nós tememos, e não sem razão, que um dia tal poder possa ser exercido não por médicos benevolentes, mas por tiranos políticos que nos usariam para seus próprios fins."

A história do impacto social da genética humana leva inevitavelmente à conclusão de que Warnock tanto superestimou a benevolência dos médicos como negligenciou o fato de que as democracias, não apenas as tiranias, têm antecedentes lamentáveis no trato humano com a doença genética. Antes da Segunda Guerra Mundial, a idéia de que a humanidade podia ser aperfeiçoada mediante uma intromissão nos seus genes foi notavelmente popular. O movimento eugênico foi poderoso e influente em ambos os lados do Atlântico e teve por líderes eminentes geneticistas. Suas origens remontam pelo menos a 1865 e a Francis Galton, professor do University College, em Londres. A finalidade declarada era "conter a taxa de natalidade dos inaptos e aperfeiçoar a espécie fomentando a fecundidade dos aptos por meio do casamento precoce dos mais bem aquinhoados". Como evidentemente as tecnologias de intervenção direta no ADN não estavam disponíveis, os mecanismos pelos quais o aperfeiçoamento genético do Homem (nunca da Mulher) deveria ser promovido eram os do acasalamento seletivo, os mesmos usados no curral da fazenda e nas cocheiras dos hipódromos.

Na Grã-Bretanha, uma sociedade dominada pela divisão entre as classes sociais, as idéias eugênicas despertaram entre as classes mais elevadas temores de que as categorias inferiores, com sua taxa mais elevada de natalidade, estivessem se reproduzindo mais que seus superiores, o que provocaria um declínio do nível geral de inteligência na população. (Diante dos antecedentes históricos de muitos membros da aristocracia britânica, esse argumento pode parecer improcedente.) Ainda em 1958, um cientista tão eminente como sir Peter Medawar dedicou grande parte de suas Conferências Reith na rádio BBC a discutir a possibilidade do declínio do nível médio de inteligência porque (ainda que isso não fosse expresso de maneira tão crua), graças ao Estado previdenciário, as classes inferiores já não estavam morrendo cedo o bastante para equilibrar a taxa de fertilidade.

A situação criticamente calamitosa em que o sistema educacional inglês está se vendo na década de 90, embora decorrente de muitos outros fatores, decerto deriva em parte dos diligentes esforços feitos, nas décadas de 30 e 40, por psicólogos educacionais que acreditavam firmemente na hereditariedade do QI e na correlação entre inteligência e classe social. Essas crenças contribuíram para a idéia de que a capacidade era determinada em fase suficientemente precoce da vida para permitir que, já aos 11 anos, as crianças fossem testadas para se determinar se iriam beneficiar-se de uma educação de estilo acadêmico ou se deveriam ser consideradas como refugo e destinadas ao treinamento vocacional em ofícios manuais. As divisões assim instauradas ainda não foram erradicadas do sistema educacional e nem mesmo do pensamento sobre a educação.

Nos Estados Unidos, por outro lado, o movimento eugênico dedicou grande interesse a questões raciais e ao controle ou interrupção da imigração para o país das raças vistas como inferiores. Também ali houve preocupações com os níveis de inteligência da população, mas as preocupações com os "débeis mentais" foram levadas bem mais longe, chegando a extremos não alcançados no Reino Unido: entre 1905 e 1973, quase 100 mil mulheres "débeis mentais" foram compulsoriamente esterilizadas para que não gerassem novas crianças deficientes. Até essa questão se misturou com a de raça: na década de 20, um destacado antropólogo do movimento eugênico americano, Charles Davenport, tentou relacionar o retardamento mental a feições negróides, por analogia com o modo como a síndrome de Down foi originalmente chamada de mongolismo em razão de uma semelhança facial superficial entre seus portadores e o povo da Mongólia.

A eugenia distinguia-se especialmente por dois traços: um deles era que a preocupação com as gerações vindouras tinha precedência sobre os interesses, a autonomia e os direitos das gerações vivas; o segundo era o conceito de que os interesses da espécie eram muito mais importantes que os do indivíduo vivo, e mesmo que os da criança ainda por nascer. Assim, nos Estados Unidos, o poder do Estado foi empregado para coagir pessoas, com base em sua suposta constituição genética, a agir de um modo que elas não escolheriam por si mesmas. Uma melhor compreensão da genética humana e geral foi gradualmente solapando a posição eugênica, até que o aterrador episódio da Segunda Guerra Mundial, quando ideólogos nazistas puseram em prática um programa de higiene racial, finalmente destruiu sua credibilidade. Mas vale a pena lembrar que, embora os piores excessos da eugenia tenham sido de fato cometidos sob uma tirania totalitária, os antecedentes de duas das democracias mais firmemente estabelecidas não inspiram nenhum orgulho. Os "médicos benevolentes" de Warnock atuaram de bom grado como agentes no programa de esterilização americano e, tanto nos Estados Unidos como no Reino Unido, eminentes cientistas exerceram uma influência que foi tudo, menos benevolente, sobre a aplicação social de suas hoje desacreditadas teorias.

Algumas das idéias do movimento eugênico persistem sob forma confusa e condicionam ainda hoje a opinião popular sobre a genética humana, mesmo que não haja uma só prova científica em apoio à posição eugênica. A história está eternamente se repetindo, mas nunca exatamente do mesmo modo; por isso, esta exposição não pretende sugerir que as minorias serão novamente tiranizadas pela esterilização forçada. O objetivo é apontar que uma nova tecnologia não aparece numa sociedade completamente livre para decidir sobre o uso que fará dela. As escolhas são induzidas por instituições preexistentes — políticas, sociais, religiosas e econômicas — e, numa democracia, pelas expectativas e crenças do povo, mesmo que estas estejam em desacordo com a visão que a comunidade científica e os filósofos da moral têm da matéria. Seja como for, as escolhas que uma sociedade faz hoje com ralação à terapia genética da linhagem germinal terão um efeito duradouro no futuro, possivelmente muito mais longo que a existência da própria sociedade que fez a escolha.

Assim, talvez seja uma sorte que muitos obstáculos técnicos continuem impedindo que a terapia genética da linhagem germinal seja uma perspectiva razoável. E certamente não está claro que esse tipo de terapia será de fato necessário para a consecução dos fins que a baronesa Warnock e o professor Harris consideram desejáveis. Se a terapia da linhagem germinal se tornar tecnicamente viável, a terapia da célula somática certamente terá sido aperfeiçoada também. Assim como hoje as crianças são vacinadas contra as principais doenças infecciosas, podemos imaginar crianças do futuro passando por uma sessão de terapia genética somática para reforçar muitas das características que Warnock e Harris julgam desejáveis. Talvez seja possível conseguir a imunidade contra a Aids e incrementar a longevidade e a resistência ao câncer pela simples reprogramação do ADN em células-troncos da medula óssea, por exemplo. O que não se poderia promover seriam alterações estruturais, como a da cor dos olhos: mudanças desse tipo exigiriam provavelmente a terapia da linhagem germinal. Se esse reforço de traços normais vier algum dia a ser considerado desejável, talvez seja mais prudente continuar desenvolvendo a terapia genética somática e estudar seus efeitos, não só nas crianças como na própria sociedade, antes de assumir um compromisso irrevogável com a terapia da linhagem germinal.

# 8

# As Conseqüências Morais da Biologia Molecular

Os textos de divulgação científica, assim como as memórias que grandes cientistas escrevem, refletindo sobre suas carreiras na satisfação da aposentadoria, tendem a enfatizar os pontos altos, a partir dos quais se descortinam para o leitor leigo amplos panoramas de território intelectual, com a sedutora perspectiva de novas riquezas além do horizonte distante. Assim, a ciência é retratada como o equivalente pós-medieval de uma grandiosa catedral gótica, de cuja mais alta flecha os cientistas perscrutariam a paisagem e o céu, com a diferença de que, nestes nossos tempos seculares, temos, no lugar do templo de pedra e vidro, um templo de idéias, erigido ao deus do conhecimento e do mundo natural.

Na verdade, o ramerrão diário da ciência é exatamente isso: ramerrão, com alta proporção de trabalho árduo, tédio e até enfado. A catedral secular nunca fica pronta e, na maior parte do tempo, os aprendizes devem aproximar-se dela, não através da ordeira tranqüilidade de um claustro, mas em meio ao ruído e à confusão do canteiro de obras. Como no caso das verdadeiras catedrais em construção, há um bocado de trabalho rotineiro e pesado que os operários têm de realizar segundo os projetos de um arquiteto distante. Muitos pós-graduados, com um grau de doutor novo em folha, podem ser testemunhas do sentimento de ter trabalhado longa e duramente para acrescentar, na melhor das hipóteses, nada mais que um pequeno tijolo ao edifício do conhecimento — um tijolo, aliás, praticamente indistinguível dos outros. Mesmo os que fazem da ciência sua profissão em tempo integral têm de trabalhar dentro de um projeto geral estabelecido por outrem. No máximo, talvez, pode-se ter a alegria de moldar um entalhe particularmente intricado e bonito sobre uma janela, ou de encaixar a pedra angular que completa um dos arcos.

De vez em quando, contudo, aparece alguém que percebe que a estrutura foi tão profusamente ornamentada que as fundações já não suportarão seu peso e que toda a edificaçao tem de ser posta abaixo e recomeçada, segundo um projeto inteiramente novo. Esses momentos são relativamente raros, mas naturalmente atraem mais atenção que o trabalho rotineiro: a destruição de uma teoria científica que resistiu ao teste dos séculos seduz rapidamente a imaginação de um público antes indiferente ao trabalho realizado na construção da teoria original.

Essa caracterização da ciência como uma atividade em que períodos "normais" são interrompidos por uma revolução ocasional foi formulada pela primeira vez em 1962 pelo filósofo da ciência americano Thomas Kuhn. Embora seu caráter filosófico continue discutível, o quadro traçado por Kuhn ainda não foi superado como descrição do modo como efetivamente se faz a ciência. Em períodos normais, segundo Kuhn, os cientistas trabalham dentro de um "paradigma" aceito. Têm uma compreensão comum sobre quais são as questões importantes e sobre como interpretar os resultados dos experimentos em termos de sua compreensão comum. O paradigma determina a direção geral de sua pesquisa.

Em períodos normais, os cientistas agem como decifradores de enigmas, estudando problemas gerados pelo paradigma em que trabalham e que expandem esse mesmo paradigma. Quem entalha uma gárgula não pretende reprojetar a igreja. Em períodos de revolução, porém, o paradigma já não é suficiente; os experimentos, em vez de confirmar e ampliar teorias aceitas, começam a gerar anomalias que não podem ser acomodadas dentro da moldura de convicções existentes. Meios diferentes, incomensuráveis, de ver o mundo começam a surgir, e a antes homogênea comunidade dos cientistas se fragmenta em facções, até que gradualmente um novo paradigma se afirma e transforma profundamente a visão de mundo da ciência.

O contraste entre os períodos paradigmático e revolucionário lança luz sobre o caráter quase esquizofrênico da ciência: na maior parte do tempo ela é um empreendimento profundamente conservador, que explora as conseqüências do paradigma aceito e, penosa e lentamente, acumula provas da verdade das teorias existentes. Nessa fase conservadora, a pesquisa não só defende o *status quo* em termos de teorias científicas como tende a ser conservadora em termos políticos e sociais também. Quando surge uma revolução científica, porém, a destruição e a reconstrução freqüentemente não ficam confinadas exclusivamente ao próprio edifício da ciência. As conseqüências extravasam-se sobre a sociedade e afetam a imagem que esta tem de si; mesmo os que não têm formação científica nem interesse pela ciência constatam que a visão que têm de sua própria posição no mundo foi alterada. As revoluções científicas podem ser profundamente perturbadoras para a sociedade.

A mais famosa dessas revoluções foi a encabeçada por Galileu, Kepler e Copérnico no final do século XVI e início do XVII. A visão antropocêntrica do universo dominara por dois milênios: a Terra era fixa no centro do cosmo e a Lua, os planetas, o Sol e as estrelas descreviam suas órbitas em torno do lar da humanidade. A disposição física dos corpos celestes fazia eco à providência espiritual pela qual Deus escolhera Seu povo predileto e lhe concedera especial significação num mundo, sob outros aspectos, hostil ou indiferente. No entanto, uma vez tendo completado a revolução copernicana, mostrando com que elegância a teoria da gravitação universal podia descrever um sistema centrado no Sol, Isaac Newton relegou nossa Terra a um papel insignificante no esquema planetário das coisas e destruiu a simetria entre o modo como o mundo estava ordenado em termos religiosos e o modo como estava mecanicamente organizado. O próprio Newton era homem profundamente religioso (embora sua teologia pouco tivesse de ortodoxa) e não havia, em princípio, razão alguma para que a estrutura física do mundo devesse refletir sua estrutura espiritual. Não havia nenhuma razão lógica estrita para considerar que a nova cosmologia levava ao ateísmo, mas a Igreja Católica cedo reconheceu o perigo que representava para ela essa revolução na ciência (que se seguiu tão de perto ao cisma religioso de Lutero) e, em 1632, proibiu Galileu de divulgar suas idéias. Essa última e desesperada tentativa de manter a humanidade enfaixada nas reconfortantes superstições da Idade Média fracassou espetacularmente.

A revolução operada por Darwin no século XIX também rebaixou a posição da humanidade no esquema das coisas e, mais uma vez, precipitou uma disputa entre Igreja e ciência em que a fé levou a pior. Quero defender a idéia de que, sob alguns aspectos, a revolução de Darwin permanece incompleta e que, certamente em termos de suas conseqüências sociais, o Projeto Genoma Humano virá a representar uma elaboração das implicações dessa revolução.

Faltava a Darwin uma teoria da hereditariedade. Sua teoria da evolução exigia duas coisas: que populações de plantas e animais contivessem indivíduos diferentes entre si; e que a seleção natural atuasse sobre essas variações, concedendo a alguns indivíduos maior chance de sobreviver até a maturidade e de se reproduzir. Mas, embora tendo podido explicar em detalhes o funcionamento do mecanismo de seleção natural, Darwin foi incapaz de explicar como podiam surgir variações em populações ou como essas características podiam ser transmitidas de uma geração para a seguinte. Sem que Darwin o soubesse, mais ou menos no mesmo ano da publicação de *A origem das espécies*, em 1859, o monge Gregor Mendel, na Boêmia, estava dando os primeiros passos para a compreensão exatamente desse tópico, a disciplina a que hoje chamamos genética. Os resultados obtidos por Mendel, anunciados em 1865, passaram despercebidos até serem redescobertos em 1900.

A ciência da genética, além de interessante em si mesma, é parte integrante de nossa compreensão atual da evolução do mundo vivo. O Projeto Genoma Humano situa-se numa linhagem de desenvolvimento científico cujos antecedentes remontam a Darwin e Mendel. Conseqüentemente, pode figurar como um exemplo de ciência paradigmática. Os pesquisadores que se intrometem na estrutura dos genes humanos estão trabalhando de acordo com critérios consensuais e pressupostos comuns, estabelecidos em meados deste século a partir de duas grandes descobertas: a de que o ADN é a molécula da hereditariedade e a de que a informação hereditária está codificada em sua estrutura helicoidal dupla. Essas descobertas, por sua vez, basearam-se no que hoje é chamado de genética clássica (para distingui-la das abordagens moleculares contemporâneas), cujos fundamentos foram lançados por Mendel. Mas, em termos da prática da ciência, é evidente que o Projeto Genoma Humano vai mudar, e de fato já está mudando, a natureza da pesquisa genética. Para os especialistas, o Projeto Genoma Humano pode de fato vir a ser uma revolução. Assim como os cosmologistas de hoje já não têm de polir as próprias lentes e construir seus próprios telescópios ópticos, como fazia Galileu, assim também os futuros geneticistas não terão mais de se dar ao trabalho de costurar um fragmento de ADN na bactéria para descobrir que função ele tem. Em vez disso, poderão usar programas de computador para estabelecer a correspondência entre as instruções genéticas do fragmento e as seqüências conhecidas guardadas em arquivos de computadores eletrônicos. O projeto não foi unanimemente bem acolhido pela comunidade dos geneticistas — alguns cientistas opõem-se vigorosamente à idéia de carimbar verbas para uma abordagem à pesquisa genética tão estreitamente focalizada —, e uma das razões para isso talvez seja o medo ou a suspeita de que o projeto produza mudanças precisamente desse tipo na natureza da ciência.

Embora vá provocar, na prática científica, mudanças que corresponderão a uma revolução pequena, nos termos de Kuhn, se comparada a avanços como a teoria darwiniana da evolução, o Projeto Genoma Humano tem o potencial de transformar nossa sociedade e nossa visão do lugar que ocupamos no esquema das coisas. Haverá muitas conseqüências práticas — para pacientes que buscam assistência médica, casais que planejam uma família, investidores prudentes empenhados em poupar para assegurar uma pensão na velhice, companhias seguradoras desejosas de avaliar o risco atuarial de segurar a vida de alguém e empregadores interessados em avaliar a saúde e as aptidões de futuros trabalhadores.

No fim das contas, porém, talvez as conseqüências de maior alcance do Projeto Genoma Humano não sejam nenhuma dessas. Sua real significação estará talvez em representar a culminação da revolução iniciada por Darwin e Mendel mais de um século atrás, e no fato de que, tanto em termos científicos como em termos de seus efeitos na sociedade, ele poderá vir a desempenhar, para a biologia do século XX, um papel equivalente ao das leis newtonianas do movimento e da dinâmica celeste para a física do século XVIII. Depois de Newton, a astronomia e a mecânica tornaram-se ciências diferentes do que tinham sido antes: novos cálculos tornaram-se necessários e os velhos modos de pensar e de fazer as coisas deixaram de ser cientificamente proveitosos. Embora Copérnico, Kepler e Galileu tenham iniciado a revolução científica no século XVI, seu pleno impacto sobre o restante da sociedade e sobre a visão que a humanidade tinha de seu lugar no cosmo só se manifestou depois de Newton. Foi a obra de Newton que abriu caminho para uma imagem do universo como um mecanismo celeste em que a causa precede inexoravelmente o efeito, segundo um ditame regular e previsível da lei natural, e não segundo os caprichos e intervenções de um deus pessoalmente envolvido com os produtos de sua criação.

À medida que for avançando, o Projeto Genoma Humano vai acumular progressivamente novos conhecimentos sobre a composição genética dos seres humanos. Mesmo sem esse projeto, os pesquisadores estariam produzindo esse conhecimento, mas o projeto aproveitará suas energias combinadas e coordenadas, acelerando assim a acumulação de conhecimento a ponto de exigir demais da capacidade que temos nós outros de lidar com a informação e compreender o quadro em seu conjunto. Os geneticistas já têm uma idéia global da tendência geral desse conhecimento. Quando os detalhes forem conhecidos, e quando a informação fluir dos laboratórios para as clínicas de nossos hospitais e se infiltrar na corrente da vida comum, então a sociedade terá de enfrentar não somente a nova tecnologia, mas também as conseqüências do novo conhecimento.

Algumas das conseqüências serão bastante sutis e inesperadas. Por exemplo, à medida que os diversos genes humanos forem identificados e analisados, muitos se mostrarão semelhantes a genes já conhecidos em outros animais. Ficará inescapavelmente claro qual é o parentesco exato entre os seres humanos e o resto do reino animal. O fato de termos uma herança comum com os demais animais é trivial entre os biólogos desde os tempos de Darwin, mas ainda gera certo desconforto entre o público leigo. Quando o Projeto Genoma Humano estiver completo, essa íntima relação entre o homem e os outros animais estará demonstrada não apenas no nível da anatomia comparada de todo o animal (o tipo de indício de que Darwin e seus sucessores tiveram de se valer), mas por meio da anatomia comparada dos genes dos outros animais e dos nossos. Será que esses conhecimentos vão obrigar-nos a repensar e reavaliar o modo como usamos os animais para nossos próprios fins e a concluir talvez que muitas coisas que fazemos usualmente com animais deixaram de ser moralmente aceitáveis? Ou será que os testemunhos cumulativos de nossa ancestralidade animal vão reduzir o respeito dos seres humanos pela humanidade dos seus semelhantes?

Enquanto uma conseqüência do Projeto Genoma Humano será lembrar-nos de nossas semelhanças com os animais, uma segunda conseqüência, paradoxalmente, será talvez sublinhar as diferenças entre um ser humano e outro. É bem sabido que diferenças de cor do cabelo ou dos olhos são geneticamente determinadas. Mas, se poucos dão muita importância à cor dos olhos de uma pessoa, há outras diferenças genéticas, como a da cor da pele, que se tornaram associadas a enormes diferenças sociais e econômicas. Afirma-se também que outros traços humanos, como a inteligência e a orientação sexual, seriam geneticamente determinados (embora os indícios disso sejam extremamente discutíveis), e os que não se adequam à norma ou à expectativa social são gravemente prejudicados e discriminados em muitas sociedades. Biologicamente, a espécie humana se beneficia da diversidade, em parte em razão do que é por vezes chamado de "vigor híbrido", mas sobretudo porque a diversidade representa um valioso fundo de genes a que se pode recorrer quando, por exemplo, surge uma nova doença. A sociedade humana, contudo, tende a olhar de esguelha para a diversidade, e os que são diferentes da norma sempre tendem a sofrer por isso. A segunda conseqüência do Projeto Genoma Humano será assinalar as diferenças entre os indivíduos humanos em nível genético. Se esse conhecimento não for corretamente tratado e situado no devido contexto biológico, é possível que informações geradas pelo projeto possam representar solo fértil para novos pretextos de discriminação.

Outra possível conseqüência do Projeto Genoma Humano decorre não de alguma possível descoberta, mas da própria existência do projeto. Poderemos desenvolver uma visão cada vez mais "atomística" dos seres humanos e mesmo da própria vida. Sob o impacto de um número crescente de descobertas sobre a genética humana, podemos passar a definir a nós mesmos e às nossas vidas em termos genéticos e negligenciar o resto. Há o risco de nos tornarmos todos reducionistas — reduzindo nossas vidas a seus componentes supostamente fundamentais —, deixando assim de olhar as coisas holisticamente, deixando de perceber a complexidade e a riqueza da vida em seu todo.

Esses são, portanto, três desdobramentos possíveis do Projeto Genoma Humano, que serão examinados em maior profundidade: as semelhanças entre seres humanos e animais ficarão mais evidentes; a diferença entre um homem e outro pode ficar mais marcada; e a questão da natureza da própria vida se apresentará sob nova roupagem. Não se trata, em nenhum dos casos, de uma questão "prática", que permitiria uma previsão do futuro imediato em termos concretos e razoavelmente seguros. São todas questões pertencentes a uma categoria que não é a do desenvolvimento de novos testes, novas drogas ou novos procedimentos cirúrgicos, mas, em seu conjunto, podem provar-se tão importantes quanto os benefícios materiais do projeto. Para analisar a primeira delas, a relação entre homens e animais, é necessário voltar a Darwin e Mendel e ao impacto social de suas descobertas.

A publicação de *A origem das espécies* em 1859 provocou um choque imediato entre o darwinismo e a doutrina religiosa tradicional da Igreja da Inglaterra. Até Darwin, os cristãos tinham podido acreditar que, embora o lugar da Terra no universo fosse insignificante, a humanidade fora especialmente criada à imagem de Deus no ápice do mundo vivo sobre a Terra, continuando a ser, portanto, uma criatura única, divinamente favorecida. O darwinismo, com sua idéia de que os seres humanos partilhavam um ancestral comum com os macacos, destruiu essa última esperança de encontrar no mundo natural um lugar central para a humanidade, que refletisse a suposta importância da espécie humana no mundo religioso e espiritual. Um aspecto característico da teoria da evolução, e que muito freqüentemente foi mal entendido, é que ela não contém nenhum sentido de direção ou progresso. O próprio Darwin tentou evitar a proposta de que algum animal estaria, de certo modo, "mais acima" na ordem biológica das coisas e outro, "mais abaixo": havia apenas "aptidão", no sentido de boa adaptação ao meio ambiente local contingente. Sob essa luz, não era possível sequer salvar uma variante da visão religiosa, argumentando que a evolução não seria outra coisa senão o mecanismo, até então desconhecido, que Deus escolhera para realizar Seu desígnio de criar a espécie humana à sua imagem.

Nem sempre se percebeu, porém, que essa moderna biologia evolucionista apresenta problemas não só para a religião como também para a moral tradicional. Essa idéia foi convincentemente defendida pelo filósofo da moral americano James Rachels em seu recente livro *Created from Animals*. Rachels assinala que, se os homens descendem de um mesmo ancestral que os macacos, isso não só destrói os fundamentos da crença religiosa num favor divino especial para o ser humano como solapa também qualquer valor moral especial decorrente da condição humana. Na elegante prosa de sua *History of Western Philosophy*, Bertrand Russell parece ter antecipado sucintamente a idéia de Rachels:

> Se homens e animais têm um ancestral comum, e se os homens se desenvolveram por estágios tão lentos que houve criaturas que não saberíamos classificar como humanas ou não, surge a questão: em que estágio da evolução os homens, ou seus ancestrais semi-humanos, se tornaram todos iguais? Um igualitarista convicto [...] se verá obrigado a considerar os macacos como iguais aos seres humanos. E por que parar nos macacos? Não vejo como ele poderá resistir a uma defesa do Voto para as Ostras. Um adepto da evolução deveria sustentar que não só a doutrina da igualdade de todos os homens, mas também a dos direitos do

> homem, deveria ser condenada [...], já que faz uma distinção demasiado enfática entre os homens e os outros animais.

Ao que parece, Russell não desenvolveu essa linha de raciocínio, nem examinou o grau de distinção que poderia, afinal, ser feito entre os homens e os outros animais. Se Darwin e a maioria de seus sucessores baseavam suas idéias sobre uma ascendência comum nas semelhanças e diferenças anatômicas entre várias espécies, nas duas últimas décadas tornou-se possível ler todas essas relações no nível da composição química das proteínas e na própria estrutura dos genes. Grande parte da história da evolução humana está escrita no ADN humano.

Alguns dos resultados já produzidos pela pesquisa do genoma humano parecem bastante estranhos, pelo menos para os que não têm formação em genética. Um deles é o modo como a composição genética dos homens difere da das mulheres. Os machos possuem pelo menos um gene que "liga" um embrião em desenvolvimento para fazer dele um macho e não uma fêmea. Sua descoberta e identificação por uma equipe, em Londres, demandaram anos de laboriosa pesquisa. O gene humano e o gene análogo do camundongo foram descobertos em 1990, e a semelhança entre os dois é um pequeno lembrete da herança genética comum das duas espécies. Em 1991, num surpreendente feito de engenharia genética, os pesquisadores demonstraram que esse gene era de fato o comutador genético, introduzindo o do camundongo num embrião e verificando que este se desenvolvia como macho, embora tivesse sido concebido como fêmea. Quer se trate de camundongos ou de seres humanos, o gene representa a receita para uma proteína particular, tendo os pesquisadores conseguido deduzir sua composição e avaliar suas funções. Eles descobriram que essa proteína comanda outras regiões do ADN, controlando o modo como outros genes se expressam. Inesperadamente, verificaram que ela tinha muitas semelhanças com uma proteína que comanda o ADN, previamente identificada em células de levedura. A proteína da levedura também está envolvida na reprodução "sexual" das células, mas se acredita que isso seja mera coincidência.

O "comutador" para a masculinidade é um exemplo recente, um dos primeiros produtos do Projeto Genoma Humano, mas já se conhecem muitos outros casos de seqüências genéticas que se "conservaram" ao longo da evolução, em geral porque o produto da proteína é vital para o funcionamento de qualquer célula viva, seja ela humana, eqüina ou da levedura. A descoberta desses exemplos antecede o próprio Projeto Genoma Humano e foi realizada sobretudo por pesquisadores interessados mais em semelhanças e diferenças entre proteínas (o produto do gene) do que na análise dos próprios genes individuais.

Há décadas se sabe que o grupo sangüíneo Rhesus depende de um gene antigo, que partilhamos com vários grupos de símios. A investigação do ADN revelou que nós homens somos ainda mais intimamente relacionados a nossos parentes mais próximos entre os grandes símios, os chimpanzés, do que até então se supunha. Por um método de cálculo de proximidade genética, verifica-se que o ADN humano e o dos chimpanzés diferem no todo em não mais que cerca de 1,6%. Geneticamente, estamos mais próximos dos chimpanzés do que os gorilas; na verdade, chimpanzés e seres humanos são mais intimamente relacionados do que algumas espécies de gibões o são entre si.

Para um biólogo profissional, tudo isso pode parecer a repetição do óbvio. É evidente que a ancestralidade comum da humanidade com os macacos e o resto do reino animal vai refletir-se no nível das proteínas e dos genes. Qual a novidade? Uma resposta é que, embora isso possa ser lugar-comum para o profissional, é novidade, e novidade nada trivial, para os que não têm um conhecimento especializado da biologia molecular moderna. Uma segunda resposta é que há uma enorme diferença entre o conhecimento abstrato de um conceito — a ancestralidade comum da humanidade com o resto do mundo vivo manifesta-se nos genes humanos — e a elucidação dessa relação, com todos os seus detalhes, pela análise exata do grau de semelhança existente entre cada gene humano e sua contrapartida entre os animais, as plantas, as leveduras ou as bactérias. Além disso, o Projeto Genoma Humano vai explorar essa relação em toda a sua amplitude. Uma parte vital do empreendimento é analisar os genomas de outros organismos: bactérias, leveduras, mosquinhas da fruta, vermes nematódeos e camundongos serão todos examinados em detalhe. Ademais, há considerável interesse comercial em deslindar os genes das plantas cultivadas: o Japão, por exemplo, está particularmente interessado na genética do arroz; outros países têm os olhos voltados para o milho, o trigo, o tomate e a batata. Outros pesquisadores estarão examinando, além dos genomas de animais de laboratório, os de animais domésticos, como bois e porcos, na esperança de chegar ao lucro comercial mediante o desenvolvimento de raças novas e mais produtivas. Serão finalmente encontrados genes que se provarão exclusivamente humanos e sem precedentes no resto dos reinos vegetal e animal?

Os detalhes do relacionamento genético são importantes, como o mostra um exemplo final. Em 1969 o geneticista americano Carl Woese e seus colegas resolveram examinar as semelhanças entre o material genético do maior número possível de organismos, de modo a poder montar uma árvore genealógica universal que remontasse até o suposto "progenoto", ou ancestral original de que descenderia toda a vida no planeta. Por motivos técnicos, os pesquisadores optaram por estudar não o ADN, mas uma forma particular da substância química intimamente relacionada do ARN, conhecida como ARN de 16S. Em 1977 já tinham sua árvore genealógica ou filogenia e, segundo o livro-padrão *Molecular Biology of the Gene*, "a filogenia universal baseada no ARN tipo 16S revela conclusões impressionantes. Os seres humanos estão de fato mais proximamente relacionados com o milho do que uma bactéria Gram-negativa (*E. coli*) com uma bactéria Gram-positiva (*Bacillus subtilis*) (...). Portanto, a diferença evolutiva que separa duas diferentes bactérias pode ser maior que a distância entre uma planta sofisticada e o mais sofisticado animal". Não há razão alguma para supor que, à medida que o Projeto Genoma Humano for ganhando velocidade, essas conclusões venham a ser revertidas; ao contrário, o projeto provavelmente vai revelar semelhanças mais numerosas e mais estreitas entre o *Homo sapiens* e o restante do mundo vivo. Cada vez mais, as características singulares dos seres humanos, das quais, numa visão tradicional, derivamos nosso valor moral singular, poderão passar a ser vistas como a conseqüência de uma casualidade: uma ou duas pequenas mudanças neste gene, uma ligeira mutação naquele outro.

Não é de modo algum evidente que as mudanças que se produzem na nossa compreensão do mundo natural tenham necessariamente alguma implicação para nossas crenças morais, religiosas ou políticas. Há muito tempo que os lógicos procuram mostrar que o modo como o mundo é não tem nenhuma conseqüência sobre o modo como deveria ser. O primeiro e mais célebre expoente dessa linha de pensamento foi o filósofo escocês David Hume, cuja argumentação é muitas vezes abreviada na fórmula: "ser" não implica "dever ser". No início deste século, a idéia foi desenvolvida pelo acadêmico G. E. Moore, de Cambridge, que criticou os que apoiavam argumentos éticos sobre observações a respeito do mundo: eles incorriam, disse Moore, na "falácia naturalista". Até hoje a questão não está definida e essas conclusões foram asperamente criticadas por outros filósofos, que encheram publicações eruditas com artigos que ostentavam títulos como "Sobre como o 'dever ser' pode ser derivado do 'ser'". Mas, seja qual for a força da argumentação lógica, poucos de nós norteamos nossas vidas pelos austeros ditames da lógica, que tende a desempenhar, em relação às preocupações da vida real, papel similar ao que, segundo Einstein, a matemática desempenhava em relação à física: "Na medida em que se referem à realidade, as leis da matemática não são infalíveis; e na medida em que são infalíveis, não se referem à realidade." O crescente conhecimento de nossa estreita relação com os animais pode não acarretar nenhuma conclusão moral num sentido estritamente lógico, mas os seres humanos tendem a ser mais "sensatos" do que lógicos no modo de conduzir suas vidas. E o terreno básico em que é sensato erigir uma defesa da superioridade moral dos homens sobre os outros animais está sendo erodido pelo acúmulo de indícios da nossa proximidade em relação a eles.

Segundo James Rachels, torna-se difícil agora para a moral tradicional evitar a acusação de "especismo". Se as afirmações de que os seres humanos têm mais valor moral que os animais fossem reproduzidas com os termos "brancos" e "negros" no lugar de "seres humanos" e "animais", seus formuladores seriam atualmente condenados como racistas, e se as alegações racistas são consideradas alegações incorretas, então, segundo essa análise, o mesmo se aplica à lógica que sustenta a moral tradicional. A moral tradicional afirma que homens e outros animais pertencem a categorias morais diferentes; que as vidas e os interesses dos seres humanos são de suprema importância moral, ao passo que as vidas e interesses dos demais animais são relativamente sem importância. Essa doutrina repousou outrora sobre uma concepção religiosa da natureza humana: a de que o homem foi criado à imagem de Deus. Há também fundamentos seculares para essa concepção da importância moral da humanidade: a idéia de que o homem é o único ser racional. Afinal, não é verdade que só o homem é capaz de pensar, formar conceitos abstratos e usar a linguagem? Uma vez que os filósofos da moral dependem de sua própria destreza no uso da linguagem ao debater os critérios do valor moral de uma criatura, eles tendem em geral a ver esse domínio da linguagem e do pensamento abstrato como o supremo indicador da racionalidade. O próprio Darwin, contudo, afirmava que, caso um diferente teste de racionalidade fosse aplicado, em termos da modificação apropriada do próprio comportamento em resposta a estímulos ou em face de mudanças no meio ambiente, haveria claros sinais de "racionalidade" em criaturas de todo tipo.

Rachels prossegue delineando uma moral alternativa "sem os homens como seres especiais", em que se abre um universo moral mais amplo, um pouco como a revolução copernicana abriu um universo físico mais amplo. Humanos e não-humanos são, em certo sentido, moralmente iguais, afirma ele, e os interesses dos não-humanos deveriam receber a mesma consideração que os interesses comparáveis dos humanos. Isso não significa, no entanto, que um mosquito deva ser tratado do mesmo modo que um símio. "Comparando-se os dois, podemos verificar que a vida do símio é muito mais rica e mais complexa que a da mosca, pois as capacidades psicológicas dos símios são muito maiores (...). À luz de tudo isso, podemos concluir que é melhor matar a mosca." A riqueza e a complexidade da vida individual, conclui ele, é que a fazem moralmente significativa. Rachels distingue o conceito de "estar vivo" (mera existência) do de "ter uma vida" (em que o sujeito dessa vida experimenta o mundo, age nele e, por assim dizer, constrói uma biografia para si). Embora a vida biológica seja pré-requisito para uma vida biográfica, a significação moral prende-se unicamente à vida biográfica.

As implicações dessas conclusões são perturbadoras para as crenças éticas tradicionais. Não há empecilho ao suicídio, desde que um indivíduo acredite que sua vida biográfica é destituída de valor, nem para a eutanásia; e os homens que possuam capacidade apenas para uma vida biológica (como os que nasceram com retardamento mental grave) podem ter menos valor moral, nesse esquema de coisas, que um chimpanzé ou um orangotango normais. Segundo a moral tradicional, escreve Rachels, "a vida biológica de uma criança com Tay-Sachs, que nunca se transformará no sujeito de uma vida biográfica, pode ser tratada com maior respeito que a vida de um animal inteligente e sensível como o chimpanzé". Ele conclui que esse julgamento é "errôneo". Um corolário ainda mais perturbador é que talvez seja moralmente mais admissível realizar experimentos científicos que envolvam vivissecção com um bebê humano severamente incapacitado do que com um animal-padrão de laboratório, como um macaco reso. Na verdade, Rachels identifica um dilema moral no próprio cerne da defesa da experimentação com animais: a justificativa desses experimentos é a aplicabilidade aos seres humanos do conhecimento neles obtido e, no entanto, quanto mais próximo o animal experimental está do homem, menos moralmente aceitável se torna seu uso em experimentos. Com esse potencial de imenso impacto prático sobre nossa sociedade, o Projeto Genoma Humano irá sem dúvida lançar essas questões no domínio público. À medida que o projeto se acelerar e as conseqüências de suas pesquisas chegarem mais e mais à atenção pública, a significação moral de nossa herança genética comum com os animais se tornará inescapável.

Se um efeito do Projeto Genoma Humano pode ser tornar menos nítida a distinção entre homens e animais, é possível que uma segunda conseqüência seja acentuar as diferenças entre os homens. Raça, religião, origem étnica, herança cultural e até aparência externa — tudo isso já foi usado como pretexto para discriminação injusta entre os homens na sociedade. Os pretextos não faltam, e não é provável que sejam acrescidos por qualquer resultado do Projeto Genoma Humano. Mas o projeto vai reforçar e incentivar o hábito de pensar nas pessoas mais em termos genéticos do que como membros individuais da sociedade, e há o risco de que formas atuais de discriminação possam encontrar, a partir dele, novas e enganosas justificações na linguagem do determinismo biológico.

Mais uma vez, é possível encontrar os germes dessa atitude em desdobramentos dados à idéia de Darwin. No final do século XIX algumas pessoas, em especial Herbert Spencer, figura periférica da ciência e da filosofia, adotou entusiasticamente as idéias de Darwin (foi Spencer, e não Darwin, quem cunhou a expressão "sobrevivência dos mais aptos"), mas transformou a teoria, de uma descrição dos processos em ação no mundo natural, numa prescrição do modo como a sociedade deveria ser organizada. Em sua conferência seminal, intitulada Evolução e Ética, pronunciada em 1893, T. H. Huxley, o mais vigoroso defensor das idéias revolucionárias de Darwin, rejeitou essa transposição. "O direito e a moral são restrições impostas à luta pela existência entre os homens em sociedade", assinalou Huxley, e além disso "o processo ético tende a suprimir as qualidades mais conducentes ao êxito nessa luta". Huxley acreditava que, por isso mesmo, era preciso rejeitar a idéia de uma ética que fosse uma "história natural aplicada", e caracterizou o "processo cósmico" da evolução por seleção natural como voltado para fins que não eram humanos. A seu ver, por outro lado, "o progresso social significa um controle de cada passo do processo cósmico e sua substituição por um outro, que pode ser chamado de processo ético". Este último, afirmou Huxley, "decorre não da imitação do processo cósmico, mas do combate a ele."

Apesar do vigoroso e convincente ataque de Huxley aos que pretendiam criar valores morais a partir de simples descrições do que é o mundo, as tentativas de "biologizar" a ética continuaram. A revolução científica de Darwin pode ter tido profundos efeitos sociais ao derrubar o último arrimo que escorava a crença religiosa tradicional, mas o "darwinismo social" logo foi usado para justificar as políticas externas imperialistas das grandes nações européias, pois, afinal, não era parte da ordem natural que a civilização do homem branco fosse superior às incultas superstições em que viviam as raças mais escuras? E, ao mesmo tempo em que uma visão racista de outras sociedades era assim erroneamente justificada, na sociedade norte-européia desenvolviam-se idéias semelhantes para mostrar que os ricos e demais membros das classes mais elevadas tinham alguma superioridade biológica em relação a seus inferiores em termos sociais e econômicos. Essas idéias foram utilizadas na sociedade ocidental como argumentos em prol da ordem política e econômica vigente, para justificar flagrantes iniqüidades de fortuna e pobreza, e constituíram a fonte intelectual inspiradora dos movimentos eugênicos das primeiras décadas deste século. Essa adulteração e má aplicação da ciência alcançou seu nadir na ideologia racista da Alemanha nazista, embora a base da ideologia nazista fosse muito mais complexa, já que se apoiava fortemente tanto em elementos da mitologia teutônica como na filosofia de Nietzche, que desdenhava as idéias de Darwin.

Ao longo das duas últimas décadas, ganhou corpo uma verdadeira indústria conhecida como sociobiologia, que procura interpretar o comportamento dos seres humanos na sociedade em termos de reações biológicas básicas movidas pelos imperativos evolutivos da luta pela sobrevivência e da necessidade de se reproduzir. Mais uma vez, quando essa análise passa de tópicos puramente biológicos para especulações sobre o comportamento humano na vida social, há uma lamentável tendência a mobilizar as forças da biologia a serviço da ordem vigente. Assim, por exemplo, as desvantagens econômicas e sociais das mulheres em relação aos homens foram atribuídas não a injustiças na economia e na sociedade, mas a uma suposta ordem biologicamente determinada. Segundo essa idéia, os primeiros grupos humanos, que viviam da caça e da coleta, caracterizavam-se por homens ativos e agressivos, que saíam para caçar, ao passo que as mulheres ficavam em casa para cuidar dos filhos; e o que era verdade com relação à Idade da Pedra é também verdade em relação ao século XX. Num artigo publicado em 1975 na *New York Times Magazine*, E. O. Wilson, o maior promotor da sociobiologia, observou: "Essa forte parcialidade persiste na maioria das sociedades agrícolas e industriais, e isso por si só sugere que tem origem genética (...). Minha própria conjectura é que a parcialidade biológica é suficientemente forte para ocasionar uma considerável divisão do trabalho, mesmo nas sociedades mais livres e igualitárias do futuro." Os comentários de Wilson são uma interpretação e não há provas diretas que os corroborem. Trabalhos mais recentes de antropólogos e paleontólogos têm projetado sérias dúvidas sobre o quadro tradicional do homem caçador, de modo que a suposta base arqueológica da idéia está abalada.

Uma interpretação diferente poderia começar pela citação de abundantes indícios históricos sobre o modo como os homens têm negado invariavelmente às mulheres o acesso à educação elementar. Na Grã-Bretanha, por exemplo, até hoje a qualidade do ensino de matemática ministrado às meninas é freqüentemente inferior à do que é proporcionado aos meninos. Até o final da década de 40 a Universidade de Cambridge, uma das mais conceituadas da Grã-Bretanha, recusava-se a conferir graus a mulheres: elas podiam freqüentar as aulas, mas não se formar. É difícil admitir que a política de concessão de diplomas da Universidade de Cambridge teria estado de acordo com o determinismo biológico até 1950, tendo desde então escapado ao controle genético. Suspeitamos também, aliás, que os lentes de Cambridge não ficariam lisonjeados com uma explicação de sua conduta anterior em termos de atavismo paleolítico. Com o desenvolvimento de análises não-genéticas desse tipo, todos os vestígios da influência de uma pretensa Idade da Pedra são muito rapidamente sepultados sob o peso da discriminação passada e atual.

Mas as "explicações" biológicas e genéticas para diferenças sociais, culturais ou econômicas têm um fascínio perene. Pode-se esperar que os argumentos apresentados por aqueles que buscam explicações biológicas para o comportamento social vão tornar-se mais sutis, ou pelo menos soar superficialmente mais convincentes, à medida que passarem a ser cada vez mais belamente embalados no vocabulário do determinismo genético tomado de empréstimo aos êxitos do Projeto Genoma Humano e por eles influenciado. Uma razão para a popularidade dessas explicações talvez seja seu caráter direto e simples: ao apelar para uma explicação genética, podem-se macaquear os processos de pensamento dos físicos atômicos e eliminar complicações irrelevantes para se concentrar no fundamental, as causas subjacentes. Se, pela desagregação do mundo material em suas partículas elementares, os físicos foram capazes, com espetacular sucesso, de derivar as leis e princípios gerais que governam o funcionamento de todo o universo inanimado, por que o mesmo procedimento não forneceria leis ou princípios aplicáveis a todo o mundo vivo e à humanidade em particular?

À primeira vista, os genes parecem coisas de trato atraentemente simples se comparados com a confusa complexidade das sociedades humanas, com todas as suas instituições arbitrárias, surgidas em decorrência de acidentes da história. Essa concepção está associada à idéia de que as explicações genéticas parecem lançar luz sobre um conceito extremamente impalpável, o da natureza humana. Como Max Charlesworth assinalou em artigo apresentado a um simpósio sobre genética humana organizado em 1986 pela Fundação Ciba, os sociobiólogos e alguns geneticistas afirmam que "há uma relação direta entre provas científicas fornecidas pela biologia evolutiva e a genética e o conceito de natureza humana".

A ascensão dos movimentos ambientalistas em muitas sociedades ocidentais a partir do final da década de 60 também está relacionada com o caráter atraente das explicações biológicas para a conduta humana (o que significa, quase sem exceção, explicações genéticas). Há um forte sentimento de que a natureza e o homem se divorciaram um do outro e devem ser novamente reunidos. H. L. Kaye observou em seu livro *The Social Meaning of Modern Biology* [O significado social da biologia moderna] que muitas pessoas estão convencidas de que biologia e sociedade deveriam andar no mesmo passo. Segundo ele, teorias como a sociobiologia, que pretensamente explicam a vida social moderna em termos de uma biologia subjacente, apelam a uma espécie de romantismo, à "nostalgia da mítica harmonia primitiva entre natureza biológica humana e formas culturais humanas". Alguns defensores do Projeto Genoma Humano poderiam protestar, dizendo que essa apropriação de explicações genéticas para aplicação a traços e comportamentos humanos é ilegítima, mas, por outro lado, alguns dos mais eminentes advogados do projeto têm afirmado que sua ciência iria de fato permitir uma nova compreensão da natureza humana. Walter Gilbert, geneticista laureado com o Prêmio Nobel, observou que, quando conhecermos todo o genoma humano, saberemos o que é ser humano. Afirmação semelhante foi feita, de modo um tanto mais poético, por Robert Sinsheimer, um dos primeiros a propor o Projeto Genoma Humano nos Estados Unidos: "Buscamos não nas estrelas, mas nos nossos genes, o arauto do nosso destino."

Há uma diferença fundamental nos pressupostos subjacentes à sociobiologia e ao Projeto Genoma Humano. Para a primeira, a "mão de ferro dos genes" é imutável, a natureza humana é fixa. Para os geneticistas, ao contrário, conhecer a composição do genoma humano é abrir caminho para sua alteração. Sinsheimer, por exemplo, pretende mais que a mera aquisição de conhecimento sobre a composição genética da humanidade, pretende mudar e "aperfeiçoar" a espécie humana, e celebra a nova genética: "Surgiu uma nova eugenia (...) um dos mais importantes conceitos a surgir na história da humanidade. Não consigo pensar em nenhum outro que tenha maiores implicações a longo prazo para o futuro de nossa espécie." No capítulo anterior, antecipamos vários argumentos no sentido de que as aplicações eugênicas da nova genética só teriam lugar num futuro ainda distante. Permanece, porém, o risco de que, em vez de alterarmos nossa sociedade, empreguemos nosso novo conhecimento para nos alterarmos a nós mesmos.

O Projeto Genoma Humano terá conseqüências políticas também. Alguns autores, entre os quais Stephen Jay Gould, em *Ever since Darwin* [Desde Darwin], têm advertido que os que têm interesse financeiro na manutenção do *status quo* social e político podem tentar seqüestrar a biologia e impor a idéia de que a ordem social vigente tem raízes na natureza biológica e genética, sendo pois inalterável. Encontramos Bertrand Russell, já em 1946, refletindo sobre a possibilidade de conseqüências políticas antiliberais da biologia moderna: "A doutrina de que todos os homens nasciam iguais e de que as diferenças entre os adultos decorrem inteiramente da educação era incompatível com a ênfase [dada por Darwin] às diferenças congênitas entre membros da mesma espécie." Culturalmente, ao longo de sua história, a humanidade tem encarado com suspeita a sua própria diversidade, e as diferenças têm sido pretextos para a perseguição. Em nossa própria época, o medo da diferença foi o tema central de muitos livros de ficção científica. Em *The Chrysalids*, de John Wyndham, a ação se desenrola entre os sobreviventes de um holocausto nuclear em que a radiação induz grande número de mutações, mas qualquer sinal desse aumento da taxa de mutações significa morte imediata. Mas, embora o livro de Wyndham seja situado num futuro pós-nuclear, seu tema reflete o comportamento normal da humanidade. O genocídio foi lamentavelmente freqüente na história da humanidade. Em geral, a motivação foi cultural ou econômica: embora a justificação pública para o extermínio dos índios americanos fosse sua pretensa selvageria e seu comportamento belicoso, eles eram também, coincidentemente, os ocupantes das melhores terras agricultáveis, cobiçadas pelos colonos brancos.

A genética é particularmente vulnerável ao abuso, dela se podendo extrair uma base pretensamente científica para discriminações que na verdade se fundamentam no conflito cultural ou econômico. Um dos objetivos do estudo da genética foi compreender o mecanismo responsável pela variação entre os membros individuais de uma dada população de animais, pois é com base nessa variação que operam os processos darwinianos de seleção natural. Numa visão demasiado estreita, a genética, tal como aplicada aos seres humanos, parece enfatizar as diferenças entre os membros de uma sociedade humana. Em termos biológicos, porém, essas diferenças são vantajosas para a sobrevivência geral da espécie, pois a seleção natural não atua apenas para assegurar a sobrevivência dos indivíduos mais aptos numa população. Herbert Spencer seguiu a trilha errada ao cunhar sua frase sobre a "sobrevivência dos mais aptos", e os darwinistas sociais estavam errados não só em sua política como também em sua biologia. É necessário considerar as implicações da genética para a população como um todo, e não apenas para os indivíduos dentro dela. A evolução promove um equilíbrio entre a aptidão imediata e a flexibilidade genética a prazo mais longo. A seleção natural, combinada com os padrões mendelianos de hereditariedade, tende a manter certo grau de flexibilidade genética nas grandes populações — há uma concentração em torno da média, mas os extremos de variação raramente se perdem. Essa tendência a conservar a diversidade fornece a matéria-prima sobre a qual a seleção natural pode operar, e constitui uma fonte mais importante de variação do que as mutações benéficas, relativamente escassas, que podem ocorrer aleatoriamente nos genes. Se o meio ambiente mudar — se surgir uma nova doença —, a seleção natural empurrará a média numa direção ligeiramente diferente, pois os indivíduos que por acaso tiverem uma resistência um pouco maior ou total à doença tenderão a ter mais chances de sobrevida e de procriação. Para o geneticista, a diversidade dentro de nossa espécie é algo a ser valorizado. Evidentemente, esse é um julgamento biológico, que não envolve necessariamente qualquer conotação moral, mas ele ilustra como certas tentativas de fundamentar conflitos culturais ou econômicos na linguagem da diferença biológica (genética) são desprovidas de credibilidade científica.

Um dos problemas no futuro próximo será distinguir entre traços que são geneticamente determinados (como a cor dos olhos) e outros que são apenas geneticamente influenciados. Para tomar um exemplo bastante polêmico, antes mesmo da virada do século Francis Galton estabelecera que pessoas altas tendem a ter filhos altos. Mas é também verdade que a alimentação de uma criança vai afetar sua estatura definitiva. Qualquer visitante de Glasgow, minha cidade natal, ficará impressionado com o número de pessoas idosas baixinhas. Sou consideravelmente mais alto que meu pai, e a maioria dos meus conterrâneos da minha idade é mais alta que a geração anterior. Isso ocorre em parte porque tivemos, no pós-guerra, uma dieta melhor que a usual durante os anos de desemprego e recessão vividos por nossos pais quando jovens. A altura é, portanto, um misto de natureza (a influência genética) e alimentação. Muitos outros traços, mais discutíveis, são também provavelmente o resultado da interação entre genes e meio ambiente.

A inteligência recebe claramente esse tipo de influência. Em 1932 foi feito um levantamento do desempenho das crianças escocesas de 11 anos em testes de QI; 15 anos depois, em 1947, o exercício foi repetido com 70 mil crianças de 11 anos. Caso se possa presumir por um momento que testes de QI têm alguma coisa a ver com inteligência (e esta é uma questão polêmica), então se pode concluir que a inteligência dos meninos aumentou ligeiramente, ao passo que a das meninas teve uma elevação significativa nesse período de 15 anos. As crianças da segunda amostra eram em geral mais altas que as da primeira, o que parece razoável atribuir à melhor nutrição e ao melhor ambiente doméstico em geral. Portanto, parece razoável admitir que a inteligência também é afetada por melhorias na nutrição e no ambiente doméstico.

Parece igualmente razoável admitir que há alguma variabilidade genética na inteligência, e no final da década de 80 o estudo dos gêmeos de Minnesota — um projeto que comparou o desempenho em testes de QI de gêmeos idênticos que tinham sido criados longe um do outro com o de outros criados juntos — afirmou ter encontrado exatamente esse efeito. Há, contudo, o risco de que, dentro de aproximadamente uma década, com as aplicações do Projeto Genoma Humano infiltrando-se no diagnóstico e no tratamento das doenças humanas, se venha a dar muito menos ênfase às contribuições ambientais para a constituição do ser humano, com uma concentração quase exclusiva na constituição genética e nas diferenças geneticamente influenciadas.

Mesmo diferenças que têm de fato base na hereditariedade podem, porém, ser mal compreendidas. Altura e inteligência diferem dos casos simples de traço hereditário. Os seres humanos não se dividem em duas categorias estanques de altos e baixos: há um contínuo suave de diferentes alturas, a maioria das pessoas concentrando-se em torno da altura média. A variação normal da altura humana evidentemente não está sob o controle de um único gene, mas de um sistema poligênico. Muitos genes, com diferentes graus de dominância, ou nenhum, atuam em conjunto e de maneira complexa e ainda desconhecida para dar origem ao componente genético da altura que o adulto humano atinge. A inteligência humana é igualmente um traço poligênico: há um contínuo de inteligência e a maioria da população situa-se em torno da média. Parece certo que, na maioria, os traços humanos mais interessantes se revelarão poligênicos, não se conformando à visão simplista de que haveria "um gene para" a inteligência ou qualquer outro traço, que poderia ser herdado de maneira simples. Em particular, o comportamento humano (em contraposição aos traços estruturais de nossos corpos) é tão complexo, variável e flexível que, embora possa estar sujeito a restrições genéticas, é muito difícil defender a idéia de que algum gene ou sistema de genes específico seria responsável por um padrão específico de comportamento humano.

Essa breve explanação da hereditariedade poligênica indica duas coisas. O recurso a explicações biológicas (genéticas) para o comportamento humano e as instituições sociais humanas não proporciona respostas simples. Ao que tudo indica, será tão complicado, se não mais, desvendar a ação recíproca dos diferentes componentes de um sistema poligênico e sua interação com o meio ambiente quanto é analisar eventos sociais e políticos em termos sociais e políticos. O segundo ponto é advertir para o perigo da tendência de buscar explicações biológicas em termos da existência de "um gene" para determinado traço, e não em termos das complexidades da hereditariedade poligênica. De maneira lamentável mas compreensível, o desvendamento da constituição genética humana tem avançado em grande parte na linha da descoberta de variações aberrantes de um único gene que têm profundos efeitos sobre seus portadores. Isso não surpreende, pois é mais fácil trabalhar com esses traços monogênicos, e a ciência avança fazendo primeiro as perguntas mais fáceis de responder para só depois passar às mais difíceis. Assim, mesmo quando todos os genes do genoma humano tiverem sido identificados, serão necessários ainda muitos anos de trabalho antes que possamos compreender as complexidades da interação desses genes e as maneiras sutis pelas quais genes aparentemente não-relacionados podem de fato influenciar-se mutuamente. Há o risco de que pessoas não-familiarizadas com o trabalho minucioso de juntar as peças desse mosaico genético possam não compreender que as interações são, afinal, mais significativas que os genes em si mesmos. O público leigo pode ir só até a metade do caminho na compreensão do genoma, e seus líderes políticos (que certamente fazem parte do público leigo, neste contexto) podem formular políticas e leis com base num entendimento pela metade da situação real. Infelizmente, alguns pesquisadores parecem tolerar ou até incentivar essas abordagens superficiais à complexidade da genética humana. Em 1988 uma equipe internacional publicou um estudo sobre os padrões de incidência da esquizofrenia em famílias islandesas e britânicas. Os padrões indicaram que um gene ligado à susceptibilidade à esquizofrenia poderia estar localizado no cromossomo número 5. A esquizofrenia é quase certamente uma espécie de doença poligênica, com vários genes diferentes contribuindo para sua ocorrência. No entanto, o comunicado distribuído na época aos jornais britânicos por uma das instituições envolvidas não continha nenhuma dessas sutilezas. Afirmava pura e simplesmente que fora encontrado o gene causador da esquizofrenia. Seja como for, estudos posteriores não conseguiram comprovar o vínculo entre a esquizofrenia e o cromossomo 5, e os pesquisadores voltaram atrás com relação a seus achados originais — silenciosamente e sem distribuir comunicados à imprensa.

A discussão do modo como o Projeto Genoma Humano vai afetar a visão que temos de nós mesmos e de nosso lugar no mundo natural envolve mais psicologia que desenvolvimento tecnológico. No entanto, o conhecimento que o projeto vai revelar não será passivo; mudará as coisas. Talvez a mais inquietante conseqüência do projeto genoma vá ser a difusão da idéia de que o ser humano não é mais que a expressão biológica do programa de instruções codificado em seu ADN. Em exposições mais populares sobre o assunto, as metáforas computacionais já aumentam rapidamente (e elas são tão convenientes que o leitor detectará muitos exemplos de seu uso ao longo deste livro). Mas, para levar a metáfora adiante, quais são as chances de que nosso programa possua uma singularidade moral que o distinga do de qualquer outra criatura? Será possível continuar atribuindo valor moral ao ser humano quando há o risco de a humanidade aparecer para si mesma como pouco mais que o produto de um programa de computador genético? Diante da avalanche de informação genética que será desencadeada pelo projeto, seremos capazes de evitar o erro assinalado pela filósofa inglesa Mary Midgley, entre outros, de equiparar um produto à sua fonte? Midgley chamou isso de "falácia genética" — "dizer que uma flor não passa de fato de poeira organizada" —, mas será cada vez mais difícil evitar a tentação de dizer que os seres humanos são "realmente" apenas a expressão de seus genes. A importância do Projeto Genoma Humano não está em ter descoberto ou inventado essas idéias. Mas ele vai tirá-las da torre de marfim, obrigando nós outros a enfrentá-las diretamente pela primeira vez.

O Projeto Genoma Humano já está em pleno andamento, mas só tivemos acesso a uns poucos frutos iniciais da pesquisa. Mesmo que não existisse nenhum projeto coordenado, o progresso da pesquisa para mitigar ou curar doenças humanas iria defrontar-se inevitavelmente com questões morais, sociais e jurídicas. O projeto genoma simplesmente lhes confere maior destaque e as torna mais urgentes. Ainda que alguns cientistas possam negá-lo, o avanço da pesquisa biológica e genética parece estar de fato suscitando novas questões morais e éticas — ou estar dando nova forma às antigas questões, com um vocabulário diferente e um impacto mais imediato e mais amplo. Já que ninguém foi capaz de responder satisfatoriamente às "velhas" questões morais, não seria surpresa se também as novas ocasionassem dificuldades.

A existência do novo conhecimento genético terá um profundo efeito não só sobre indivíduos como sobre instituições sociais, que têm uma história e uma inércia e "vontade de viver" próprias. A propósito da energia atômica, Einstein comentou que o Estado nacional e o átomo fissionado não podiam coexistir no mesmo planeta. Mas, quando o átomo foi fissionado, o nacionalismo como forma de organização social não entrou em colapso. Divisões raciais, religiosas, culturais e lingüísticas continuaram a existir e a importar mais que a humanidade comum. Na verdade, foram essas próprias divisões que fizeram com que se criasse a bomba atômica e não um reator nuclear para a produção de energia. O conhecimento potencial do modo de construção de uma bomba teria estado presente de qualquer modo, mas a decisão de construí-la e de desenvolver as pesquisas necessárias foi culturalmente determinada. O episódio da bomba ilustra como os valores da sociedade podem afetar, e de fato determinar, a direção assumida pela pesquisa científica aplicada. E não há nada mais aplicado que a pesquisa médica.

Isso levanta uma questão fundamental: "A quem cabe decidir?" A segunda metade deste livro rememorou muitas das decisões tomadas por sociedades ao longo dos últimos 50 anos no tocante à aplicação da genética humana. Embora muitas pessoas tenham sido ajudadas e muito sofrimento humano tenha sido aliviado, continua sendo verdade que, coletivamente, a sociedade lidou por vezes de maneira extremamente insensata com esse assunto. As democracias das nações industrializadas do Ocidente manifestaram por vezes uma veia surpreendentemente antiliberal e praticaram discriminação contra pessoas tornadas diferentes (real ou presumidamente) por sua constituição genética. Como poderá a sociedade assegurar que, com as ferramentas muito mais poderosas fornecidas pelo Projeto Genoma Humano, ações desse tipo não se repetirão? Basicamente, não se trata apenas de tentar discernir quais escolhas são boas e quais são moralmente inaceitáveis, mas de dar efeito a esse tipo de decisão por meio de legislação, tanto no plano nacional, através do parlamento, congresso ou assembléia nacional, como no plano internacional, mediante declarações e convenções intergovernamentais firmadas através de organismos como o Conselho da Europa ou a Organização Mundial da Saúde.

A maioria das sociedades ocidentais é pluralista, com a convivência de muitas diferentes tradições morais e religiosas num só país. Dentro do Reino Unido, por exemplo, há comunidades de bom tamanho que abraçam fés religiosas tão diversas quanto o islamismo, o catolicismo romano, o judaísmo, o anglicanismo e o calvinismo, ao passo que cerca de 1/3 da população já não professa nenhuma fé religiosa. Como obter o consenso nessas circunstâncias? É claro que há algumas coisas que deveriam ser proibidas, pelo menos por enquanto, até que tenhamos melhor compreensão da ciência e de nós mesmos. A sociedade precisa demarcar as coisas que são permitidas e listar as que, por enquanto, devem ser proibidas. Numa democracia, essas decisões devem ser tomadas, em última instância, pelos representantes eleitos do povo. Mas os políticos são pessoas ocupadas, e o plenário do legislativo nacional não é um bom lugar para a apresentação de explicações complicadas sobre o que é tecnicamente possível e moralmente desejável. É necessário, portanto, que cada país aprofunde essas questões num foro público, mas não político, em que seja possível avançar gradualmente para algum tipo de consenso, a despeito da pluralidade das crenças morais, ou pelo menos explicitar as principais divergências. Somente se essas questões forem ventiladas publicamente é que os políticos poderão evitar que manchetes de jornal ou a ação de um *lobby* minoritário os precipite numa legiferação apressada.

Além das questões morais ou jurídicas, a questão prática que o Projeto Genoma Humano pretende responder é: "Em termos genéticos, que é humano?" Já sabemos que a resposta será dada em cerca de 3 bilhões de partes. À medida que a informação for sendo produzida nos laboratórios, cada vez mais rapidamente, será difícil lembrar que o Projeto Genoma Humano pretende investigar meramente a genética humana — e que as respostas que fornece constituem conhecimentos apenas parciais sobre a condição humana. Os genes são importantes, mas não só eles o são. O objetivo do Projeto Genoma Humano é elaborar uma nova anatomia, uma fundamentação neovesaliana para a medicina das décadas vindouras. Mas as pessoas são mais que sua anatomia física. Nossa anatomia impede certos futuros, mas não prescreve qual será meu futuro, entre os muitos que me seriam possíveis. Nossas anatomias física e genética representam limitações, não predestinações.

Nossa anatomia física não é tampouco indispensável para nossa identidade pessoal. Se eu tivesse perdido as duas pernas num acidente quando criança, isso teria alterado profundamente minha anatomia pessoal e eliminado muitos futuros de outra forma atingíveis. Em certo sentido, eu não poderia ter me tornado a pessoa que sou hoje, mas, por mais diferente que minha história de vida pudesse ter sido, meu "eu" continuaria sendo indubitavelmente o mesmo. Do mesmo modo, ainda que fosse submetido a um transplante de coração e de pulmões, de fígado e de rins, de medula óssea, eu ainda seria eu.

O mesmo se aplica à anatomia genética. O genoma humano é exatamente isto: anatomia humana expressa em termos genéticos. Há uma tentação fatal a importar para a biologia alguns conceitos e modos de pensar peculiares aos físicos teóricos. O físico busca a simplicidade interna e a estrutura fundamental do mundo das forças e da matéria. Essa busca levou ao conceito de "forças fundamentais" que governam o mundo material e à idéia de que os objetos materiais são constituídos de partículas elementares. Uma vez especificadas as partículas e as forças que governam sua interação, o desenvolvimento subseqüente do universo pode ser previsto, pelo menos em princípio — apenas a falta da necessária capacidade computacional nos impede de fazê-lo na prática. A tentação é encarar os genes como entidades fundamentais na biologia, à semelhança das partículas no mundo físico, e pensar que, mediante a especificação dos genes de um indivíduo, pode-se de algum modo definir o curso de sua vida. Um equívoco comum, em que quase todos incidem, é pensar que os genes encerram de certa maneira a "essência" mais íntima de um indivíduo. No entanto isso é claramente falso. O ADN de um chimpanzé e o de um ser humano só diferem em 1,6%: parece incoerente afirmar que esse 1,6% de ADN é justamente a parte que contém a essência da humanidade. Admitindo que isso fosse possível, cerca de 90% de meu ADN — o ADN "inútil", que não codifica meus genes nem desempenha papel algum na replicação celular — poderiam ter sido eliminados do ovo fertilizado a partir do qual eu me desenvolvi e, com base no conhecimento atual, ninguém teria percebido. Mesmo nos genes que codificam proteínas, parece difícil encontrar minha essência íntima. Por exemplo, toda a diferença que me separa de uma pessoa com anemia falciforme está num par de bases em ambas as cópias do gene que especifica a hemoglobina. Se eu tivesse nascido com a mutação da anemia falciforme, minha vida teria sido diferente, e mesmo assim é difícil perceber como um defeito genético difere em qualidade do caso hipotético em que sofro um dano ambiental e perco as pernas — nas duas situações eu não teria sido transformado "em essência".

E assim chegamos, finalmente, a uma profunda ironia. Quando estiver completo, o Projeto Genoma Humano terá custado mais de 3 bilhões de dólares e absorvido as energias e os intelectos de milhares dos mais criativos cientistas do mundo por um período de quase duas décadas. No curso dessa pesquisa, e no desenvolvimento de suas implicações, muito sofrimento humano anteriormente intratável terá sido evitado ou aliviado. A pesquisa terá montado uma planta genética da humanidade, revelando não só as diferenças entre um homem e outro, mas também as profundas semelhanças subjacentes entre os homens e o resto do mundo vivo. No entanto, ao fim de todo esse esforço, a função talvez mais importante do projeto venha a ser a de transcender a si mesmo e nos ensinar, ou lembrar aos que não precisam de ensinamento, que os genes e a genética não são a base fundamental da vida humana. O projeto terá sido bem-sucedido se realizar a difícil tarefa de persuadir a todos nós a abandonar os modos de pensar que herdamos dos físicos, segundo os quais as partículas elementares são ao mesmo tempo a essência fundamental e a causa última. Os físicos vêem o mundo em termos de entidades — coisas, como objetos materiais ou campos quânticos abstratos — cujo destino último está traçado por sua configuração inicial. A visão de mundo do físico é, portanto, atemporal: não há vir-a-ser, não há narrativa de eventos porque o futuro está congelado no estado do presente.

Em contraste, a vida não é uma coleção de coisas — o que sou hoje, seja o que for, é muito diferente do que eu era ao nascer, tanto em termos de composição física como, o que é mais importante, em termos de minha identidade pessoal. Uma vida tem mais o caráter de uma história que se desdobra e cujos incidentes são todos igualmente necessários para sua completude: não se pode afirmar, como o imperador José II, que *Così fan tutte* contém notas demais; nem se pode destacar uma página de *Hamlet* alegando que ela representa a essência da tragédia humana e que as outras não precisam ser lidas. O universo do físico está em estase, ao passo que a vida é um processo — como a chama bruxuleante de uma vela, que tem forma e consome energia. Mas, embora a vida deixe um rastro na forma da herança genética quando finalmente a vela se consome, não há essência a encontrar.

Talez seja este, portanto, o desafio final proposto pelo Projeto Genoma Humano: redefinir nosso sentido de nosso próprio valor moral e descobrir um meio de afirmar, em face de todos os detalhes técnicos da genética, que a vida humana é maior que o ADN de que brotou, que os seres humanos conservam um valor moral irredutível que transcende a seqüência de 3 bilhões de pares de bases contidas no genoma humano.

# ÍNDICE